명문대 생기부는
초등부터
시작된다

일러두기

1. 입시와 관련해 설명이 필요한 용어들은 '용어 해설'에 간략히 설명해뒀습니다.

2. 책에서 다루는 학생, 학부모, 교사의 사례는 실제 사례에 바탕을 두고 있지만 개인정보 보호를 위해 모두 가명 처리했고, 일부 사례는 진실성을 해치지 않는 범위에서 편집된 부분이 있습니다.

3. 고등학교와 대학교 입시 전형은 매해 학교별로 달라지기 때문에 지원 전에 반드시 모집 요강을 확인해야 합니다.

4. 본문에 나오는 책 제목은 겹화살괄호로 표시하는 것을 원칙으로 하나 생기부 예시에 나오는 책 제목에 한해 생기부 작성 요령에 따라 작은따옴표로 표시했습니다.

UNIVERSITY
★ ★ ★

입시 성공을 결정짓는 생기부 관리 로드맵

명문대 생기부는

초등부터
시작된다

이주영, 정선미, 김찬미, 박세정 지음

서 사 원

입학사정관이 탐내는 생기부는 초등부터 시작됩니다

지영 씨는 여섯 살 딸과 유치원 하원 후 아파트 놀이터에 들렀습니다. 그런데 아이들이 뛰어노는 소리 사이로 낯선 말들이 들려왔습니다. 흠칫 놀라며 주위를 둘러보니 몇몇 아이들이 같은 유치원 원복을 입고 영어로 대화하고 있었습니다. 근처 벤치에는 아이들의 엄마로 보이는 사람들이 모여 앉아 수학 학원에 대한 이야기를 나누고 있었습니다. 유치원생들끼리 영어로 대화하는 것도 놀라운데 벌써 수학 학원을 다닌다니. 지영 씨도, 지영 씨의 남편도 어릴 때는 노는 게 최고라는 생각으로 학습과 관련한 사교육은 일찍부터 시킬 생각이 없었습니다. 지영 씨는 중학교 1학년 때 영어를 처음 배웠지만 수능까지 문제없이 치렀었기 때문입니다. 하지만 딸과 비슷한 또래의 아이들이 어떤 수준인지 눈앞에서 확인하고 나니 불안감이 몰려왔고, 집에 돌아온 지영 씨는 급하게 영어 학원을 검색하기 시작했습니다.

전세 계약 만료로 이사 갈 집을 알아보고 있는 수진 씨는 첫째 아이가 초등학교 입학을 앞두고 있어서 걱정이 많습니다. '학군지'로 불리는 동네로 무리해서 들어갈지, 교육 인프라는 적지만 상대적으로 경제적 여유를 누릴 수 있는 동네로 이사 갈지 고민 중이기 때문입니다. 친구에게 고민을 털어놓으니 갈 수만 있다면 당연히 학군지로 가야 한다고 했습니다. 지은 씨의 친구는 학군지의 가장 큰 장점으로 괜찮은 학원을 걸어서 다닐 수 있다는 점을 꼽았습니다. 또 학군지 아이들은 대체로 순하고, 공부는 당연히 해야 하는 것으로 생각하기 때문에 학업 분위기도 좋다고 했습니다. 지은 씨는 맘 카페에 자신과 비슷한 고민을 하는 사람이 많은 것을 보고 생각이 많아졌습니다. 학군지에서 아이를 키우지 않으면 안 될 것 같은 조급함에 학군지 근처 아파트의 매물을 찾아보기 시작했습니다.

앞의 사례들은 특별한 누군가의 이야기가 아닙니다. 일반 유치원이냐 영어 유치원이냐, 학군지냐 아니냐. 많은 부모가 자신의 역할에 교육이 더해지는 순간부터 선택의 기로 앞에서 수도 없이 흔들립니다. 수능을 잘 보려면 남보다 앞서야 하고, 그러기 위해서는 누구보다 빨리 선행 학습을 하는 게 최선이라고 생각합니다. 다음 학기, 다음 학년 선행 학습을 끝내야 하니 마음은 자꾸만 조급해집니다. 자연스럽게 자녀교육의 무게중심은 공교육에서 사교육으로 기울어지기 시작합니다. 하지만 이 모든 것에 앞서 자녀교육의 종착지라고 여겨지는 대입이 어떻게 이뤄지고 있는지 제대로 알 필요가 있습니다.

▌ 변화하는 입시제도 속에서도 흔들림 없는 아이들

2023년 12월 27일, 교육부는 〈2028 대학 입시제도 개편안〉을 발표했습니다. 2028 대학입시제도는 2022 개정 교육 과정이 적용되는 2025년 고등학교 신입생부터 적용되는 것으로 이에 대해 고입과 대입을 앞둔 학생과 학부모의 관심이 뜨겁습니다. 골자는 국어, 수학, 사회·과학탐구 영역 모두 선택과목 없이 동일한 과목으로 치르고, 고교 내신의 경우 현행 9등급 상대 평가에서 5등급 상대 평가로 전환한다는 내용입니다. 9등급제에서는 1등급을 받으려면 상위 4퍼센트 안에 들어야 했지만, 5등급제에서는 상위 10퍼센트 안에 들면 됩니다. 그렇게 되면 고교 내신 부담이 줄어들기 때문에 그동안 내신의 불리함 때문에 기피했던 특수목적 고등학교(이하 특목고), 자율형 사립고등학교(이하 자사고) 지원을 고민하는 학부모가 분명 늘어날 것입니다.

교육제도가 바뀔 때마다 입시를 앞둔 학생과 학부모의 불안감은 높아지고 고민은 늘어갑니다. 하지만 너무 걱정하지 않아도 됩니다. '입시제도'라는 평가 방법과 대입 수단은 끊임없이 바뀌지만, 그 안을 채우고 있는 교육과 학습의 본질은 변하지 않기 때문입니다. 초·중·고등학교를 가리지 않고 교실에는 흔들림 없이 기본을 지키는 아이들이 있습니다. 기본에 충실한 아이들은 학교급이 올라갈수록 학교생활에서도, 입시에서도 빛이 납니다. 하지만 학부모들은 숫자로 표시되는 성적이 아닌 '기본'을 입시에서 어떻게 평가하는지, 과연 평가가 가능한 항목인지 의문이 생길 것입니다. 그런 학부모의 불안한 마음을 공략해 사교육 기관에서는 더욱 선행 학습의 중요성을 강조하고, 숫자로 결과를 보여주며 학부모의 마음을 사로잡습니다. 그러나 학교에서는 학생의 성실함과 노력, 학업 성취, 학습 태도, 성장 가능성 등을 한데 모아 객관적으로 기록하고 있고, 이 자료가 입시에서 결정적인 역할을 하게 됩니다. 바로 '학교생활기록부(이하 생기부)'입니다.

빛나는 생기부는 특목고, 자사고 등 고입과 대입의 성공을 결정짓는 핵심 자료입니다. 그렇다면 대체 어떤 아이들이 입시에서 성공하는 생기부를 만들어나가는 걸까요? 그 아이들의 학교생활은 무엇이 다를까요? 초등 자녀를 둔 부모라면 입시 뉴스에 눈길이 가면서도 내 아이의 대입은 아직 먼 이야기 같을 것입니다. 부모님이 학생이었던 20~30년 전과는 분명히 달라졌을 텐데 어떻게 달라졌는지는 감도 오지 않을 테죠. 이 책은 그런 막연함 속에 있는 학부모를 위해 오랜 기간 변함없이 학교의 영구 보존 문서이자 현재 대입의 핵심 자료인 '생기부'에 초점을 맞췄습니다.

이 책을 쓰기 위해 모인 초등, 중등, 고등 교사로 구성된 저자들은 입시도 결국 초등학교 학교생활에서부터 시작된다는 사실에 입을 모았습니다. 초등학교 교실에서 빛나는 아이와 입시에서 성공한 중고등학교 학생들 사이에 공통점이 있었기 때문입니다. 어린 시절의 습관과 태도가 중고등학교에서는 어떻게 연결되는지, 생기부의 어떤 영역에 반영되는지, 대입에서는 어떻게 평가되는지 본문에 담긴 다양한 학생들의 사례를 통해 확인해볼 수 있습니다.

가끔 초등학생인 아이를 고등학생처럼 대하는 학부모가 있습니다. 아이가 당장 결과를 내지 못하면 조급해하고, 단기적인 목표를 세우고 아이를 채근하기도 합니다. 안타깝게도 학교 현장에서는 이런 환경에 놓여 있다가 진짜 속도를 내야 할 때 나가떨어지는 학생들을 수도 없이 만납니다. 인생에서 가장 씩씩하고 자신 있게 살아야 할 나이에 의지가 보이지 않는 눈빛으로 앉아 있는 아이들을 보면 마음이 아픕니다. 남들과 비교하지 않고 자기만의 속도로 차근히 성장해가는 아이들은 어떻게 생활하며 학습 태도를 키워가는지, 또 그런 모습은 생기부에 어떻게 기록되는지 살펴보며 우리 아이는 지금 어떤 상태인지 이 책을 통해 점검해봤으면 좋겠습니다.

파트1에서는 입시가 어떻게 이뤄지고 있는지, 특히 생기부를 핵심 자료로 삼는 '학생부 종합전형'이 무엇인지 설명하고, 빛나는 생기부로 성공적인 입시 결과를 얻은 학생들의 사례를 담았습니다.

이후부터는 생기부 평가의 핵심 영역들을 살펴보며 초등학생 때부터 갖춰야 할 생활 습관, 학습 태도, 독서 습관, 비교과 영역 등을 순서대로 다뤘습니다. 파트2에서는 생기부의 '출결상황'을 이야기합니다. 출결은 학생의 성실성을 보여주는 첫 번째 척도입니다. 이를 바탕으로 초등학생 때부터 갖춰야 할 기본 생활 습관을 점검합니다.

파트3에서는 '교과학습발달사항'을 다뤘습니다. 이 항목에는 성적은 물론 생기부의 꽃이라고 할 수 있는 '과목별 세부능력 및 특기사항(이하 과세특)'이 포함되어 있습니다. 중간고사, 기말고사에서 받는 지필평가 점수가 성적의 전부가 아닙니다. 그 외에 초등학교 때부터 챙겨야 할 교과학습의 비결과 올바른 자기주도 학습 태도를 다룹니다.

파트4에서는 돋보이는 생기부를 만들어줄 '독서활동상황'에 대해 다룹니다. 독서 황금기인 초등 시기에 독서 습관을 어떻게 잡아야 하는지 살펴보고, 초등 학년별 독서 가이드라인과 문해력을 높이기 위한 올바른 독서법을 제시합니다.

파트5에서는 생기부에 스토리텔링을 더해주는 '진로희망'을 다룹니다. 이 장에서는 초등학생이 진로를 위한 경험을 어떻게 쌓아나갈 수 있는지 확인할 수 있습니다.

파트6에서는 학교생활 전반에서 학생이 어떻게 생활했는지 알 수 있는 '특기사항'에 대해 다룹니다. 학급에서 맡은 역할을 어떻게 수행했는지, 어떤 동아리에서 어떤 활동을 했는지 등 학교 내에서 수행한 특별한 활동들이 이 항목에 모두 담겨 있습니다.

파트7에서는 생기부의 마지막 항목이자 1년 동안 학생과 함께 생활한 담임 선생님의 학생에 대한 총평인 '행동특성 및 종합의견(이하 행발)'을 다룹니다. 행발은 대입에서 담임 선생님이 작성하는 500자 분량의 추천서라고도 할 수 있습니다. 더불어 각 장에 실린 중고등학생들의 다양한 입시 사례를 통해 내 아이의 교육 방향을 점검해볼 수 있습니다.

학생의 생기부를 채우는 일은 교사의 몫입니다. 하지만 손바닥도 마주쳐야 소리가 나듯 빛나는 생기부는 단순히 선생님 혼자 완성하는 것이 아닙니다. 아이가 초등학교에 입학한 순간부터 고등학교를 졸업할 때까지 12년 동안 차근차근 쌓아나가는 것입니다. 생기부를 만들어가는 주체는 결국 학생 자신인 것입니다. 그렇게 충실히 학교 생활을 이어온 아이들의 생기부는 그 아이를 따뜻한 시선으로 바라봐준 선생님의 손끝에서 다시 한번 환하게 빛납니다. 이 책을 통해 학생과 함께 생기부를 채워나가는 교사의 진심이 조금이나마 독자분들께 닿았으면 합니다.

눈앞의 성적보다 중요한 것은 공교육 12년의 마라톤을 어떤 속도와 방향으로 갈 것인지 정하는 일입니다. 그 과정에서 부모는 혹독한 트레이너가 아닌 입시의 본질과 흐름을 파악해 아이의 속도와 방향을 조정해주는 든든한 러닝메이트가 돼야 합니다. 이 책이 일련의 교육 과정을 조감하며 내 아이의 교육 방향을 잡는 데에 도움이 되기를 바랍니다.

차 례

PART 1. 학교생활기록부, 합격의 문을 여는 황금 열쇠

PART 2. 출결상황, 생기부의 첫인상

PART 3. 교과학습발달상황, 생기부의 심장

PART 4. 독서활동상황, 생기부의 나침반

PART 5. 진로희망, 생기부의 스토리텔러

PART 6. 특기사항, 생기부의 비밀 병기

PART 7. 행동특성 및 종합의견, 생기부의 에필로그

용어 해설

◎ 학교생활기록부(생기부)

초등학교, 중학교, 고등학교에서 학생의 학교생활과 발달상황을 기록해 준영구로 보관하는 문서이다. 생기부에는 학생의 인적사항, 출결상황, 수상 경력, 자격증 취득 및 국가직무능력표준 이수상황, 창의적 체험활동상황, 봉사활동 실적, 교과학습발달사황, 독서활동상황, 행동특성 및 종합의견 등 해당 학생에 대한 다양한 정보가 담겨 있다. 대학 입시에서는 교과와 비교과로 생기부의 영역을 구분하기도 한다. 교과 영역은 과목별 성적 같이 교육 과정 상에서 얻은 학업적 역량을 의미하며, 비교과 영역은 출결상황, 동아리활동, 수상 경력, 임원 경력 등 교과 영역 외 학교생활에서의 활동을 통칭한다.

◎ 개인별 세부능력 및 특기사항(개세특)

특정 교과에 한정되지 않고 여러 교과와 연계되거나 통합적인 활동을 한 경우, 그 과정과 결과를 기록하는 생기부의 한 영역이다. 과세특이 국어, 영어와 같은 개별 과목에서 이뤄진 학생의 활동을 입력하는 공간이라면, 개세특은 특정 과목의 세부능력 및 특기사항으로 규정하기 어려운 활동의 경우 기록한다. 예를 들어 학교 차원에서 학기

말에 융합 교육 과정을 운영했을 때 수학과 지리의 연관성에 대한 특정 주제를 탐구하며 학생의 특별한 능력이나 흥미를 보여줬을 경우 이 과정과 결과를 개세특에 기록할 수 있다.

◎ 과목별 세부능력 및 특기사항(과세특)

생기부의 항목 중 하나로 학생이 교과목에서 보여준 활동들을 서술형으로 기록하는 부분이다. 교과 담당 교사가 한 학기 동안 해당 과목을 배우며 학생이 보여준 수업 시간의 활동들을 관찰해 특기할 만한 사항들을 구체적이고 객관적으로 기록한다. 예를 들어 문학 시간에 어떤 학생이 발표 등의 수행평가에서 기량을 발휘했을 때 문학 과목의 과세특에 기재할 수 있다. 과학 과목이라면 실험 및 탐구 보고서에 관한 내용을 기록할 수 있다.

◎ 창의적 체험활동(창체)

생기부의 한 항목이자 학교의 교육 과정 중 교과 수업 외 시간을 일컫는 말이다. 자율활동, 동아리활동, 진로활동 등 세 개 영역으로 구성되어 있다. 연간 필수 이수 학점이 규정되어 있으며 입학식과 졸업식, 체육대회를 포함해 안전 교육과 같은 필수 교육도 포함한다. 학생들의 자발적 참여를 통한 재능을 보여줄 수 있는 영역이므로 입시에서 학생을 평가하는 또 하나의 중요한 지표로 활용된다.

◎ 행동특성 및 종합의견(행발 또는 행특)

생기부에서 담임교사가 1년간 학생을 지속적으로 관찰하고, 이를 바탕으로 학생에 대해 강조하고 싶은 사항을 기록하는 항목이다. 담임교사의 고유한 권한이기도 하며, 학생의 인성, 사회성, 태도 등을 종합적으로 서술할 수 있다.

◎ 내신

일반적으로는 '학교에서 시험을 통해 얻게 되는 과목별 성적'을 뜻한다. 국어, 영어, 수학 등 각 과목별로 중간고사와 기말고사, 수행평가를 통해 학교 선생님들이 정한 비율에 따라 합산된 점수를 기준으로 전체 학년 및 학급, 학생 수에서의 석차백분율에 의해 내신 성적이 결정된다.

◎ 정시

수능 시험 성적을 기반으로 학생을 선발하는 입시 전형이다. 수능 시험을 치룬 후 대략 12월 중순부터 원서 접수가 시작된다. 각 대학과 학과마다 등급, 백분위, 표준점수를 차이 있게 반영하며, 가군, 나군, 다군 각각에 1회씩 총 3회 지원할 수 있다. 정시 전형에서도 수능성적 외에 학교 내신 성적을 일정 비율 이상 반영하는 경우도 있다.

◎ 수시

정시 모집 전 대학에서 신입생 일부를 미리 선발하는 입시 전형이다. 대학별로 일정한 기간을 정해 원서를 접수하고 학생을 선발하는데, 이 기간은 보통 고등학교 3학년 2학기가 시작된 후인 9월 초이다. 반영 방식에 따라 학생부 종합전형(학종 전형), 학생부 교과전형(교과전형), 논술전형, 실기(예체능의 경우) 전형으로 구분할 수 있다. 대학에 따라 수시로 선발하는 기준과 방법이 다르기 때문에 모집 요강을 반드시 확인해야 한다.

◎ 학생부 전형

수시에서 가장 많은 비중을 차지하는 입시 전형이다. 학생부 종합전형과 학생부 교과전형으로 구분한다. 학생부 종합전형은 생기부에 기재된 교과 영역의 내신 성적과 비교과 영역의 다양한 활동 및 특기 사항을 점수화해 평가하는 전형이다. 학생부 교과전형은 학생의 교과 영역에 해당하는 과목별 내신 성적을 위주로 학생을 평가하는 전형으로, 최근에는 내신 성적에 더해 서류 심사를 포함시키는 경우가 늘어나는 추세이다. 서류 심사는 과목별 세부능력 특기사항 등 생기부를 토대로 하는 경우가 많다. 전형과 학교별 모집 요강에 따라 수능 성적의 최저학력기준이 반영되는 경우와 아닌 경우로 나뉜다.

◎ 입학사정관

대학에서 신입생을 선발하는 업무만을 전담하는 교육전문가이다. 성
적 위주의 학생 선발을 지양하고자 학생의 학업 성적뿐 아니라 소질
과 경험, 성장 환경, 잠재력 등을 종합적으로 평가해 선발하는 역할을
맡는다.

◎ 수능 최저학력기준

대학별로 입시 지원자들에게 정해놓은 수능 성적의 하한선을 뜻한
다. 학생부 전형이나 논술 고사에서 좋은 점수를 받더라도 각 대학 및
학과에서 설정한 수준 이상의 수능 점수를 얻지 못하면 최종 합격자
에서 탈락한다. 예를 들어 '최저 3합 4'라 하면 세 개의 수능 과목의
등급을 합했을 때 4등급 이내여야 한다는 뜻이다. 일반적으로 선호도
가 높아 경쟁이 치열한 학과일수록 적용되는 경우가 많다.

◎ 전국연합학력평가

학생들의 현재 학력 수준을 측정하기 위해 대학수학능력시험의 모의
고사 형식으로 실시하는 시험이다. 'O월 모고', 'O월 학평' 등의 약칭
으로 불린다. 성적표 역시 수능의 성적표처럼 백분위 및 등급이 제시
되며, 고등학교에 진학하면 1년에 서너 차례는 응시하게 되므로 전국
의 고등학생들과 비교했을 때 본인의 실력을 가늠할 수 있는 지표 역
할을 한다.

◎ 대학수학능력시험 모의평가(모평)

대학수학능력시험을 출제하는 한국교육 과정평가원에서 그해 수험생의 능력 수준을 파악하고 본 수능의 난이도 조정을 위해 실시하는 모의고사다. 6월, 9월 연 2회 실시되며 그해 수능을 보는 수험생을 대상으로 한다. 즉, 고등학교 3학년 재학생뿐 아니라 졸업생이나 검정고시생들도 시험을 칠 수 있다. 따라서 이 모의평가를 통해 본인의 성적을 전국연합평가에 비해 더 객관적으로 파악할 수 있다.

◎ 일반계 고등학교(일반고)

대학 진학을 하고자 하는 학생들이 진학하는 학교이다. 진학 방식에 따라 다음과 같이 구분된다.

- **평준화 일반고**

  성적이 아닌 추첨으로 신입생을 선발하는 일반계 고등학교.

- **비평준화 일반고**

  지원하는 학생들의 중학교 내신 성적으로 신입생을 선발하는 일반계 고등학교.

◎ 특수목적 고등학교(특목고)

한 분야에 특별한 재능을 지닌 학생들을 육성하고자 학교별로 특화된 교육 과정을 운영하는 학교이다.

- **과학고등학교(과학고)**

  수학과 과학에 특별한 재능을 지닌 학생들을 위한 학교. 다른 특목고와는 달리 거주 또는 중학교 재학 중인 지역의 과학고에만 지원할 수 있다.

- **예술고등학교(예고)**

  미술, 음악, 무용 등 예술 분야에 특별한 재능을 지닌 학생들을 위한 학교.

- **외국어고등학교(외고)**

  외국어에 특별한 재능을 지닌 학생들을 위한 학교.

◎ 자율형 사립 고등학교(자사고)

학교 운영의 자율성이 보장되는 사립 고등학교. 일반계 고등학교보다 학비가 비싸지만 특색 있는 교육 과정으로 학사를 운영한다는 특징이 있다. 입학 전형은 1단계 추첨과 2단계 면접으로 선발하는 방식(서울형 자사고), 필기고사를 치루지 않지만 1단계 생기부와 2단계 면접으로 선발하는 방식으로 나뉜다.

- **전국 단위 자율형 사립 고등학교(전사고)**

  전국 단위로 지원 가능한 자율형 사립 고등학교.

- **광역 단위 자율형 사립 고등학교(광사고)**

  해당 지역 중학교 졸업 예정자나 거주하는 학생이 지원 가능한 자율형 사립 고등학교. 서울형 자사고도 여기에 포함된다.

명문대 생기부는 초등부터 시작된다

◎ **특성화 고등학교(특성화고)**

상업계 고등학교나 공업계 고등학교처럼 취업에 특화된 특정 과목을
집중적으로 이수할 수 있는 학교. 다만, 최근에는 일부 대학에 특성화
고 학생들이 지원할 수 있는 '특성화 고등학교 전형'이 있어 이를 목
표로 특성화고에 진학하는 경우가 있다.

◎ **영재학교**

영재교육을 목적으로 설립된 고등학교 학력이 인정되는 학교. 초·중
등 교육법이 아닌 영재교육 진흥법이 적용되는 학교로 전국 단위로
지원 가능하다. 한국과학기술원 부설 한국과학영재학교(부산), 서울
과학고등학교(서울), 경기과학고등학교(수원), 대구과학고등학교(대
구), 대전과학고등학교(대전), 광주과학고등학교(광주), 세종과학예
술영재학교(세종), 인천과학예술영재학교(인천) 등 총 8개교가 영재
학교에 속한다.

학교생활기록부,
합격의 문을 여는 황금 열쇠

변화하는 입시제도,
우리 아이는 어떻게 대학에 갈까요?

아이가 처음 학교에 가던 날을 떠올려보세요. 작은 어깨에 새 가방을 메고 교문으로 들어서던 순간의 설렘이 아직도 생생하지 않나요? 하지만 짧은 설렘의 시간이 지나고 나면 끝나지 않을 고민이 시작됩니다. 바로 학업 걱정입니다. 이 고민은 학년이 올라갈수록 깊어집니다. '어느 집 아이는 5학년 과정에 들어갔다더라', '누구는 중학교 선행을 시작했다더라' 여기저기에서 들리기 시작한 이야기에 불안감은 높아집니다. SNS 속 아이들은 또 왜 이리 뛰어난지 우리 아이만 뒤처지는 것 같습니다. 선택의 연속인 상황에서 아이에게 해주지 못한 부분이 생길까 봐 전전긍긍하기도 합니다. 많은 부모가 이렇게 불안감에 휩쓸리다 결국 답을 찾기 위해 사교육으로 향합니다.

하지만 애석하게도 사교육을 받아도 고민은 사라지지 않습니다. 원하는 학원에 가기 위해서 아이는 등록도 하기 전에 레벨 테스트를 봐야 하고, 부모는 더 나은 학원과 과외를 찾아 헤맵니다. 초등학교를 졸업하면 중학교 선택, 고등학교 선택까지 넘어야 할 산이 너무도 많아 보입니다. 선행 학습은 시작하고 나면 멈추기가 어렵습니다.

아이가 가는 이 길이 과연 맞는 길일까요? 어디에도 정답은 없습니다. 사교육을 통해 입시에 성공하는 아이들도 분명히 있으니까요. 다만, 이 책을 읽는 독자분들만큼은 이 책을 내비게이션 삼아 아이도 행복하고, 부모도 행복한 교육의 길을 안내받았으면 좋겠습니다. 그 첫걸음으로 현재 입시가 어떻게 이뤄지고 있는지 먼저 알아보겠습니다.

대입 결과를 뒤집는
여섯 장의 황금 카드, 수시

요즘 아이들은 어떤 방법으로 대학에 진학하고 있을까요? 현재 초등학생 자녀를 둔 부모 세대는 대부분 수능이 대입에 결정적인 역할을 했습니다. 지금으로 말하면 '정시'로 대학에 가는 비중이 현저히 높았다고 할 수 있습니다. 하지만 지금은 대학에 가는 방법이 여러 가지입니다. 대학은 다양한 전형으로 학생을 선발하는데, 수능 점수를 기반으로 학생을 선발하는 '정시' 전형과 정시에 지원하기 전에 학생들을

출처: 〈2026학년도 대입정보 119〉, 한국대학교육협의회

명문대 생기부는 초등부터 시작된다

선발하는 '수시' 전형으로 나뉩니다. '학생부 종합'과 '학생부 교과', '논술'이 대표적인 수시 전형입니다.

2026학년도에는 전국 대학이 어떤 전형으로 몇 명의 학생을 선발할 예정인지 비율을 살펴보겠습니다. 첫 번째 그래프에서 전국 대학의 정시 선발 비율은 19퍼센트로 대략 열 명 중 두 명 이하, 학생부 교과와 학생부 종합, 논술 전형 비율을 합치면 73퍼센트로 대략 열 명 중 일곱 명 이상입니다. 한눈에 봐도 수시 선발 비율이 훨씬 높다는 것을 알 수 있고 그중 학생부 전형의 비율이 압도적인 걸 확인할 수 있습니다. 두 번째 그래프로 서울 주요 열다섯 개 대학의 선발 비율도 살펴보겠습니다. 전국 비율에 비하면 정시 비율이 40퍼센트로 높지만, 여전히 수시 비율이 정시보다 높고, 학생부 교과와 학생부 종합을 합친 학생부 전형만 봐도 여전히 정시 비율보다 높습니다. 서울 주요 열다섯 개 대학도 대략 열 명 중 네 명만 정시로 학생을 선발한다는 뜻입니다. 이제 수시는 대학 입시에서 절대 놓쳐서는 안 되는 진학 방법이 됐습니다. 그럼 이제부터 '수시'와 '정시'에 대해 더 자세히 알아보겠습니다.

▎대입에서 생기부의 역할

수시는 수능을 보기 전에 일반대학을 기준으로 9월 초부터 원서를 접수하며, 고등학교 3학년 1학기까지의 성적과 생기부가 반영됩니다. 재수를 하는 경우에는 대학에 따라 3학년 2학기까지의 생기부가 반영되기도 합니다. 수시 원서는 총 여섯 번 쓸 수 있으며, 학생부 교과전형, 학생부 종합전형, 논술, 실기 시험 등으로 학생을 선발합니다. 이 중 학생부 교과전형과 학생부 종합전형이 수시에서 대부분의 비중을 차지하고 있습니다. 먼저 학생부 교과전형은 흔히 우리가 말하는 '내신 성적'을 바탕으로 학생을 선발하는 전형입니다. 대학마다 환산 점수를 산출하는 방법이 다르고, 수능 최저학력기준 적용 여부 등 다양한 조건이 적용됩니다.

학생부 교과전형의 가장 큰 특징은 생기부의 교과 성적이 정량적으로 반영되기 때문에 어느 정도 합격 가능성을 예측할 수 있다는 점입니다. 일반적으로 학교 내신 성적이 높으면 입시에서 학생부 교과전형을 염두에 두고 대입을 준비합니다. 학생부 교과전형의 경우, 누적된 입시 자료를 바탕으로 지원 가능 여부를 판단해볼 수 있습니다.

학생부 교과전형과 학생부 종합전형의 성적 반영 예시

학생부 교과전형	1단계: 교과 성적(90%) + 비교과(10%)
	2단계: 국어, 영어, 수학, 탐구 네 개 영역 중 세 개 영역 3등급 이내 수능 최저학력 기준
학생부 종합전형	1단계: 생기부 서류 100%(3배수)
	2단계: 1단계 50% + 면접 50%

학생부 종합전형은 입학사정관 등이 생기부를 정성적으로 평가해 학생을 선발하는 전형입니다. 교과 성적뿐 아니라 '과목별 세부능력

학생부 종합전형 평가 요소

평가 요소	평가 항목에 따른 세부 내용	
학업 역량 (대학 교육을 충실히 이수하는 데 필요한 수학 능력)	학업 성취도	교과 교육 과정에서 지원 전공(계열)에 필요한 과목을 수강하고 취득한 학업 성취의 수준
	학업 태도	학업을 수행하고 학습해나가려는 의지와 노력
	탐구력	지적 호기심을 바탕으로 사물과 현상에 대해 탐구하고, 문제를 해결하려는 노력
진로 역량 (자신의 진로와 전공(계열)에 필요한 과목을 선택해 이수한 정도)	전공(계열) 관련 이수 노력	고교 교육 과정에서 전공(계열)에 필요한 과목을 선택해 이수한 정도
	전공(계열) 관련 교과 성취도	고교 교육 과정에서 진공(계열)에 필요한 과목을 수강하고 취득한 학업 성취 수준
	진로 탐색 활동과 경험	자신의 진로를 탐색하는 과정에서 이루어진 활동이나 경험 및 노력 정도
공동체 역량 (공동체의 일원으로서 갖춰야 할 바람직한 사고와 행동)	협업과 소통 능력	공동체의 목표를 달성하기 위해 협력하며, 구성원들과 합리적인 의사 소통을 할 수 있는 능력
	나눔과 배려	상대방을 존중하고 이해하며 원만한 관계를 형성하고 타인을 위해 기꺼이 나눠주고자 하는 태도와 행동
	성실성과 규칙 준수	책임감을 바탕으로 자신의 의무를 다하고, 공동체의 기본 윤리와 원칙을 준수하는 태도
	리더십	공동체의 목표 달성을 위해 구성원들의 상호작용을 이끌어가는 능력

출처: 건국대·경희대·연세대·중앙대·한국외대(2021) 공동연구 학생부 종합전형 공통 평가 요소 및 평가 항목

및 특기사항'과 '창의적 체험활동'의 특기사항, '행동특성 및 종합의견' 등 생기부에 기재된 내용을 통해 학업 역량, 진로 역량, 공동체 역량을 평가합니다. 학생의 학교생활 전반을 살펴보는 전형이기 때문에 일정 수준의 성적을 갖췄을 경우, 성실하고 적극적으로 학교생활을 한 학생들을 우선 선발합니다.

학생부 종합전형은 점수로 나타나지 않는 비교과 영역이 평가에 반영되기 때문에 수시 여섯 번, 정시 세 번의 총 아홉 번의 기회 중 자신의 실력을 기준으로 상향 지원이 가능한 전형입니다. 한 가지 주목해야 할 점이 있습니다. 2025학년도부터는 학생부 교과전형에서도 내신 성적뿐 아니라 공동체 역량이나 교과이수 충실도 등을 반영하거나, 과세특을 통해 학업 충실도를 반영하는 대학이 증가하기 시작했습니다. 내신 성적만으로 학생을 선발하던 학생부 교과전형에서도 학생부의 영향력이 늘어나고 있다는 뜻입니다. 대입에서는 전형에 따라 각 대학마다 입시에 반영하는 생기부 항목과 내용에 차이가 있기 때문에 정확한 기준을 확인하기 위해서는 학교별 모집 요강을 반드시 확인해야 합니다.

수능 전형, 즉 정시는 가군, 나군, 다군으로 모집 군별로 나뉘어 진행됩니다. 수험생은 모집 군별로 각각 1회씩, 총 3회까지 지원할 수 있습니다. 정시 모집의 당락을 결정짓는 것은 수능 성적입니다. 하지만 2023학년도부터 서울대학교가 생기부 교과 평가를 반영하고, 2024학년도에는 고려대학교가 교과 성적을 반영하는 전형을 신설하는 등 정시에서도 생기부 반영이 확대되는 추세입니다. 대학에서 우수한 학생을 선발하기 위해 수능 성적 이외의 기준을 추가한다면 그 지표는 바로 생기부가 될 수 있습니다.

이처럼 앞으로는 대입을 논의할 때 생기부를 빼놓고 이야기할 수 없습니다. 교육부의 〈대입제도 공정성 강화 방안〉에 따라 2022학년 도부터 교사 추천서가 폐지되고, 2024학년도부터는 자기소개서가 폐 지되면서 생기부가 학생의 교과활동과 참여도, 성실성, 학습 태도를 종합적으로 평가하는 유일한 자료가 되었습니다. 이제는 학교생활에 서 중간고사, 기말고사만 잘 보면 되는 시대가 아닙니다. 점수라는 '결과'만큼 학교생활 전반이라는 '과정'을 중요하게 여기며 이러한 과 정을 충실히 소화한 학생을 대학들이 적극적으로 선발하게 됐기 때 문입니다.

특목고, 자사고 입시에서도
생기부가 중요합니다

초등학생 때부터 학원 의대반에 다니거나 영재학교 입시를 준비한다
는 학생들이 점점 늘고 있습니다. 어떤 준비를 하는지 물어보면 대부
분 선행 학습을 하거나 어려운 심화 문제를 푼다고 답했습니다. 그런
데 이런 학생들 중에 의외로 입시에서 생기부의 중요성을 모르거나,
안다고 해도 어떻게 준비해야 하는지 모르는 학생과 학부모가 많았
습니다.

　대학 입시뿐만이 아닙니다. 외고, 과학고 등 특목고와 자사고, 영재
학교 입시에서도 생기부가 매우 중요하게 반영됩니다. 1단계 서류 전
형을 생기부와 자기소개서, 추천서만으로 선발하는 학교들도 있어
초등학교 때부터 애써 준비한 고등학교 입학 시험을 치러보지도 못
하고 떨어지는 학생들도 상당수 있습니다.

　특목고, 자사고 입시에서는 생기부의 교과 영역뿐 아니라 비교과
영역도 면밀하게 점수화해 평가하기 때문에 대입의 학생부 종합전형

영재학교, 과학고 고입 절차

구분	1단계(서류전형)	2단계(지필)	3단계(면접)
영재학교	자기소개서 + 교사 2인의 추천서 + 생기부	수학 + 과학(정보) 서술형 지필 평가	1단계 서류 내용을 검증하는 개별 면접
과학고	자기소개서 + 추천서 + 생기부	1단계 서류 내용을 검증하는 개별 면접	소집 면접 및 종합 평가

과 비교되기도 합니다. 학생부 종합전형에서는 더 이상 반영하지 않는 교내 수상 경력, 독서활동 등을 반영한다는 점에서 대입보다 더욱 면밀하게 생기부를 살핀다고도 할 수 있습니다. 그렇기 때문에 고등학교 입시를 준비하는 학생이라면 생기부 관리가 중요한데도 학생이나 학부모가 이를 모르는 경우가 상당히 많습니다. 중학교 3학년에 올라와서야 생기부에 신경 써달라고 담임 교사에게 부탁하지만 이미 지나버린 학년의 독서활동, 수상 경력 등은 빈칸이 된 채 남게 됩니다.

생기부는 선생님이 부탁을 받는다고 잘 써줄 수 있는 주관적인 기록물이 아닙니다. 아이들이 학교에서 공부를 잘하고 있는지, 친구들과 잘 지내는지에 관한 객관적인 자료가 바로 생기부입니다. 교사는 학생의 학습 과정과 성장을 종합적으로 관찰하고 평가해 생기부에 항목별로 기록하는 것입니다.

▌ 생기부를 살펴봅시다

초등학교, 중학교, 고등학교의 생기부는 항목별 세부 사항에 약간의 차이가 있을 뿐 기본적인 구성은 똑같습니다. 240페이지 부록에서 고등학교 생기부를 볼 수 있으니 먼저 살펴보기 바랍니다. 눈으로 구성을 보고 난 후 설명을 들으면 훨씬 구체적으로 받아들일 수 있습니다. 그럼 이제 어떤 항목들이 있는지 알아보겠습니다.

생기부는 아홉 가지의 항목으로 구성되어 있습니다. 인적·학적사항, 출결상황, 수상 경력, 자격증 및 국가직무능력표준 이수상황, 학교폭력 조치상황 관리, 창의적 체험활동상황, 교과학습발달상황, 독서활동상황, 행동특성 및 종합의견으로 구성됩니다. 물론 모든 항목이 입시에서 평가의 대상이 되는 건 아닙니다. 인적사항이나 학적사항을 평가할 수는 없으니까요.

이번 파트에서는 입시와 생기부에 대해 알아봤습니다. 다음 파트부터는 생기부의 어떤 영역들이 입시에서 어떻게 평가되고 반영되는지 구체적으로 살펴보겠습니다. 숫자로 표현할 수 없는 문장들이 입시에서 어떻게 점수화되는지도 알려드리겠습니다.

이 책에는 초등학교, 중학교, 고등학교 선생님들이 알려주는 실제 학교 이야기와 입시에서 성공하는 생기부의 비밀이 가득 담겨 있습니다. 우리의 아이들은 학교에서 하루하루 성장합니다. 그리고 아이들의 곁에는 항상 선생님들이 있습니다. 학생들의 생기부에는 선생님의 눈으로만 볼 수 있는 아이들의 학교생활이 담겨 있습니다. 따라서 어떤 학생들이 생기부를 알차게 채워가는지는 현장의 선생님들이 누구보다 잘 알고 있습니다. 현직 선생님들이 알려주는 학교에서 빛나는 학생들의 실제 사례들 그리고 입시를 성공으로 이끄는 생기부의 비밀을 하나씩 살펴보도록 하겠습니다.

생기부로 인해
입시의 갈림길에 선 아이들

〔 사 례 〕

▌전국형 자사고를 졸업해 재수를 하는 민철이

민철이는 중학교 때까지 부모님들 사이에서 부러움을 사는 아이였습니다. 성적도 성적이지만, 예의가 바르고 부모님과 사이도 좋아 선생님들이 어머니에게 육아 비법을 묻게 한 훌륭한 학생이었습니다. 민철이는 어렸을 때부터 남부럽지 않은 사교육으로 선행 학습도 많이 했습니다. 민철이 정도의 상위권 학생들은 특목고나 자사고에 진학하는 게 당연한 분위기였기 때문에 민철이도 자사고에 진학했습니다. 자사고에 들어가 내신 경쟁을 하는 게 부담스럽기도 했지만, 우수한 학생들 사이에서도 잘 해낼 수 있다는 자신감도 있었고, 수시에서 불이익을 받더라도 정시에서는 성과를 거둘 수 있을 거라 믿었기 때문이었습니다.

1학년이 지날 때까지만 해도 민철이도, 부모님도 자사고에 입학한 것을 후회하지 않았습니다. 수학 내신 등급이 다른 과목에 비해 잘 나오지는 않았지만 더 노력하면 될 거라고 생각했습니다. 민철이는 수학에 시간을 가장 많이 투자하며 누구보다 열심히 공부했습니다. 하지만 민철이의 생각과는 달리 수학 등급은 오르지 않았습니다. 오히려 2학년이 되어 희망 계열인 공학 계열에 맞게 선택과목을 수강한 결과, 우수한 학생들이 몰려 있는 수학 선택과목의 성적이 더욱 떨어졌습니다. 결국 3학년 1학기 중간고사에서는 믿지 못할 성적을 받았습니다. 민철이의 수학, 과학 과목은 하강 곡선을 그리고 있었습니다.

다른 과목들의 내신 성적이 평균 3등급으로 나쁘지 않았지만, 수학 등급이 걷잡을 수 없이 떨어지다 보니 자연 계열을 진학해야 하는 민철이는 수시로 지원해서 합격할 수 있겠다는 자신이 없어졌습니다. 민철이는 그때부터 수능 공부에 집중하겠다고 선언했습니다. 소위 '정시 파이터'로서 수시보다 정시에 집중하기로 선택한 것입니다. 우수한 학생들이 모여 있는 자사고에서 내신을 올리기 위해 노력하는 것보다 남은 시간을 수능 준비에 쏟아붓는 게 옳다고 판단해 내린 결정이었습니다. 하지만 눈에 보이는 단기적인 목표인 내신보다 장기 레이스인 수능까지 온전히 정신을 집중하는 건 생각보다 어려운 일이었습니다. 안타깝게도 민철이는 수능에서 평가원 모의고사보다도 낮은 성적을 받았습니다. 민철이의 성적으로는 눈에 차는 대학에 지원하기가 어려웠기에 결국 재수를 결정했습니다.

민철이와 부모님이 충격을 받은 건 민철이의 성적과 입시 결과 때문만이 아니었습니다. 중학생 때 민철이보다 성적이 낮았던 친구가 일반고에서 학생부 종합전형으로 민철이가 가고 싶었던 대학에 진학했고, 심지어 중학교 때에는 공부와 거리가 멀었던 친구가 특성화고에 진학해서 특성화 고등학교 전형으로 서울에 있는 이름난 대학에 진학했다는 소식을 들었던 것입니다. 두 친구 모두 민철이에 비해 훨씬 낮은 수능 성적을 받은 건 말할 것도 없었습니다.

민철이 부모님이 더 속상했던 이유는 어릴 때부터 자녀교육에 관심이 많아 언제나 최선의 선택을 해왔다고 믿고 있었기 때문이었습니다. 학원에서는 정시 준비만 잘 되면 수시 준비는 저절로 된다고 누차 들어왔기 때문에 민철이는 초등학교 때부터 국어, 영어, 수학의 기초를 탄탄하게 쌓으며 선행 학습을 해왔습니다. 민철이가 어렸을 때부터 주변 학원에서 입시 정보를 얻었던 민철이 부모님은 학생부 종합전형이 특별한 정보를 가진 사람들에게만 특혜가 주어지는 불공정한 전형이라고 생각했습니다.

민철이 부모님은 또다시 어떤 재수 학원에 다녀야 하나 고민입니다. 여기에 고민이 하나 더 생겼습니다. 민철이가 재수를 하면서 지원할 수 있는 수시 전형은 어떤 게 있는지 알아봐야 하기 때문이었습니다. 민철이도, 부모님도 놓쳐버린 여섯 장의 수시 카드의 가치를 너무 늦게 깨달았습니다.

여섯 번의 수시 지원은 대입에서 활용할 수 있는 최고의 행운 카드입니다. 수시를 준비하지 못하면 행운 카드를 버리는 셈입니다.

▌중상위권의 수능 성적으로 SKY에 진학한 영진이

영진이는 학교 시험이 다가오면 컨디션을 조절하면서 열심히 공부하는 노력형 학생이었습니다. 학원을 다니기보다 수업 중 선생님이 알려주신 내용을 모두 암기할 정도로 파고들어 정리한 다음 시험을 치렀습니다. 영진이의 내신 성적은 전교에서 손꼽히는 수준이었고, 이와 같은 영진이의 노력은 교내에서 유명했습니다.

하지만 영진이에게는 고민이 하나 있었습니다. 바로 전국연합평가 성적이 공부한 만큼 잘 나오지 않는다는 점이었습니다. 수능 성적이 잘 나와준다면 대학 선택에 더욱 유리할 것은 당연한 일입니다. 그런데 전국연합평가를 볼 때마다 유독 국어가 3등급에서 더 오르지 않았고, 이 상황은 고등학교 3학년 6월 평가원 모의평가에서도 마찬가지였습니다. 전국 단위의 시험에서 성적이 뒤처지는 일이 반복되자 학년이 오를수록 영진이의 자신감도 함께 떨어져가는 줄만 알았습니다. 하지만 영진이는 최종적으로 'SKY(스카이)'라 불리는 서울 소재 대학의 경영학과에 합격했습니다. 어떻게 된 일일까요? 단지 영진이의 운이 좋았던 걸까요?

영진이의 경우 내신 성적이 우수했기 때문에 선호도가 높은 상위권 대학에 수시 원서를 써볼 선택권이 있었습니다. 그뿐 아니라 학교생활 전반에서 영진이는 본인이 희망하는 진로에 꾸준히 관심을 두고 각 과목에서 최선을 다해 활동했습니다. 학교에서 운영하는 특별 프로그램들에도 자율적으로 참여하면서 진학하고자 하는 전공에 대한 기본 교양과 배경지식을 쌓아나갔습니다. 학급에서는 반장으로서 적극적으로 활동했습니다. 영진이의 태도는 생기부에 기재되어 대학 입학사정관들에게 좋은 평가를 받았고, 수능에서 평소 자신 있던 과목들로 대학에서 요구하는 최저학력기준 등급을 맞추면서 원하는 대학, 원하는 학과에 진학할 수 있었습니다.

영진이의 경우가 아주 특별한 것은 아닙니다. 일반고에서도 평소 학교생활에 성실히 임한 학생 중에 대입 진학 결과가 우수한 경우가 상당수 존재합니다. 학교생활을 충실히 했고, 자신이 할 수 있는 만큼 성적을 내온 학생이라면 학생부 전형을 통해 원하는 대학에 충분히 도전장을 내밀어볼 수 있습니다. 아이들에게 대입까지는 총 12년의 시간이 있습니다. 12년이라는 긴 시간 동안 오르락내리락 공부량과 성적의 변동은 있을지라도, 자신의 목표를 놓지 않고 공부하고 학교생활에 충실하게 임한다면 우리 아이가 원하는 대학과 학과에 진학하는 일은 그다지 어렵지 않을지도 모릅니다. 다만, 내 아이가 무엇에 중점을 두고 학교생활을 해나가야 하는지는 반드시 짚어봐야겠죠.

특별한 비법이나 정보 없이도 대학 입시에서 성공할 수 있습니다. 목표를 놓지 않고 성실하게 공부한다면 그 과정은 생기부에 기록되기 때문입니다.

▌빛나는 생기부로 영재학교에 합격한 경훈이

영재학교 진학을 희망하는 경훈이는 중학교 1학년 때부터 3년간 선생님들의 주목을 받은 학생이었습니다. 교과 시간이나 동아리 시간에 보여주는 수학이나 과학에 대한 재능은 말할 것도 없었고, 과학 관련 대회에서 보여주는 수상 실적 또한 경훈이의 능력을 증명해주었습니다.

자율 특기사항에서는 부회장을 하며 리더십을 발휘한 내용이 돋보였고, 동아리 특기사항에서는 이온 음료의 영양 성분을 조사한 후 탐구 보고서를 작성해 발표한 과정과 눈의 결정 형성 과정을 탐구해 친구들에게 설명했던 경험이 담겨 있었습니다. 방학 때마다 과학관에서 봉사활동을 했던 내역 또한 경훈이의 과학에 대한 흥미를 보여주는 부분이었고요.

과학자라는 진로희망 또한 과세특이나 진로 특기사항에 잘 녹아 있었습니다. 과학 과세특에 기록된 교과 내용을 심화해 깊게 탐구한 내용도 인상적이었지만, 영어나 국어 교과 등 과학과 관련이 없는 과목에서도 발표 주제로 관심 있는 과학 분야를 선택해 자신의 진로희망과 관련된 노력을 분명하게 드러냈습니다. 독서활동에는 과학 관련 도서가 가장 많았지만 전 분야에 걸쳐 고루고루 책을 읽고 기록해 온 경훈이의 독서 이력이 담겨 있었습니다.

경훈이는 영재학교 3차 면접에서 생기부에 담긴 활동들에 대해 구체적으로 설명해달라는 질문을 받았다고 했습니다. 경훈이의 생기부는 시험을 위해 꾸며낸 게 아닌 실제 경험이 담긴 자료였기에 경훈이는 막힘없이 대답할 수 있었습니다.

영재학교를 준비하는 학생들은 대부분 필기시험을 중점적으로 대비합니다. 학원에서 오랫동안 머물며 수학, 과학 선행 학습이나 문제 풀이를 연습하지만, 정작 학교생활을 소홀히 하는 경우가 있습니다. 공부하느라 바빠서 교내 과학 관련 대회를 준비할 시간이 없다고 말하기도 하고요. 책은 많이 읽었지만 기록할 시간이 없어서 생기부 '독서활동상황'에 책이 한 권도 기록되지 않은 경우도 많습니다.

수업 외 학교생활을 통해 기록되는 생기부의 비교과 영역이 허술하거나, 수학이나 과학을 제외한 다른 교과의 지필평가를 제대로 준비하지 못해 영재학교 1차 전형에서 떨어지는 경우가 생기기도 합니다. 또 2차까지는 잘 치러놓고 3차 면접에서 자기소개와 추천서, 생기부 내용에 대한 질문을 받고 대답을 못하는 경우도 있습니다. 영재학교 진학에 도움될 만한 활동을 거의 하지 않아 자기소개서에 쓸 내용이 없어 거짓으로 채웠기 때문에 생기는 일입니다.

경훈이의 생기부가 알차게 채워질 수 있었던 것은 부모님의 관심 때문이기도 했지만, 경훈이의 과학에 대한 애정과 흥미가 꾸며진 게 아니었기 때문입니다. 경훈이는 입시를 위해 따로 생기부를 준비한 것이 아니며 오히려 본인은 학교생활을 열심히 했을 뿐이었다고 말합니다. 선생님들 역시 입을 모아 경훈이의 열정과 성실성에 대해 이야기했습니다. 경훈이는 영재학교에 합격한 이후에도 수업 시간에 변함없는 모습을 보여줬습니다. 고등학교 입시는 끝났지만 경훈이의 과학에 대한 애정과 흥미는 사라지는 것이 아니었기 때문입니다.

입시를 위해 생기부를 채우는 것이 아닙니다. 생기부가 채워지다 보면 입
시에 성공하는 것입니다.

▌3년간 꾸준하게 성장해서 원하는 대학에 진학한 혜수

혜수는 성실히 공부하는 학생이었습니다. 중학생 때는 성취도에서
A등급을 받는 학생이었죠. 하지만 고등학교에 올라와 상황이 달라졌
습니다. 고등학교에서 처음으로 치렀던 1학년 1학기 내신 성적은 평
균 4.4등급이었습니다. 2025년부터 적용되는 2022 개정 교육 과정에
서는 내신 성적을 5등급제로 산출하지만, 이전까지는 고등학교 재학
생의 등급 산출 방식은 9등급제였습니다. 학생 전체를 9등급으로 나
눠 성적을 산출하고 평가했었던 것이죠. 따라서 종합성적 4.4등급이
라면 학급에서 중간 정도의 아주 평범한 성적입니다.

하지만 이후 혜수는 학기마다 성적이 조금씩 향상되었습니다. 1학
년 2학기에는 3.6등급, 2학년 1학기에는 3.2등급, 2학년 2학기에는 2.6
등급이었고, 내신 성적이 가장 중요해지는 3학년 1학기에는 1.4등급
이 나와 모두를 놀라게 했습니다. 자신이 목표로 했던 사범대 영어교
육학과에 합격한 건 물론이었고요.

혜수가 어떻게 해서 매 학기마다 조금씩 성적이 향상되었는지 많

은 선생님과 학생들이 궁금해했습니다. 먼저 혜수는 이미 중학교 때부터 사범대에 진학하고 싶다는 꿈이 있었습니다. 혜수의 정확한 목표는 생기부의 진로희망에 3년 내내 적혀 있었습니다. 모든 선생님이 혜수의 꿈을 다 알 정도였습니다. 따라서 그에 맞게 구체적인 대입 상담이 이뤄질 수 있었습니다. 어느 정도 성적을 올려야 꿈이 현실로 바뀌는지 알게 되면서부터는 더욱 열심히 공부할 수 있었던 것입니다. 생기부의 과세특에도 이런 노력이 매우 구체적으로 기술되었습니다.

혜수는 잘하는 과목과 못하는 과목이 뚜렷하게 구분되는 학생이었습니다. 힘들어했던 과목은 수학, 과학 등 이과 계열 과목이었는데, 학년이 올라갈수록 난이도가 더 높아지면서 더더욱 자신감을 잃었습니다. 혜수는 자신이 잘 못하는 과목에 시간을 쏟기보다 기본 문제 위주로 학습하면서 점수를 유지했습니다. 아예 포기하지는 않되, 스트레스를 받지 않을 만큼만 공부하며 마인드 컨트롤을 한 셈입니다. 반면 자신이 잘하고 자신 있던 국어와 영어에 많은 시간을 투자했습니다. 단위 수가 상대적으로 높은 두 과목에서 높은 성적을 받으며 결과적으로 좋은 내신 성적을 거둘 수 있었습니다.

혜수의 경우를 보며 목표를 정확히 잡고 성적을 올려야 하는 이유를 학생 스스로 깨닫는 것이 가장 중요하다는 걸 알 수 있습니다. 공부는 매 순간 경쟁을 피할 수 없습니다. 주변 친구들이 열심히 할 때에도, 여유를 부릴 때에도 거기에 휩쓸리지 않고 끊임없이 자기를 단련해야 합니다. 설사 공부한 양에 비해 성적이 잘 나오지 않을 때조차 자책에 빠지지 않아야 합니다. 혜수 역시 시험을 본 후 성적이 부진할 때면 '이런 성적으로 사범대를 갈 수 있을까?'라는 고민에 빠져 힘들어했던 적이 있다고 말했습니다. 하지만 그럴 때마다 선생님이 된 자신의 모습을 떠올리면서 그 시기를 극복했다고 합니다.

3년이라는 시간 동안 혜수는 본인의 목표에 다가가기 위해 매번 더 성실히 노력했습니다. 그 결과가 내신 성적으로, 과세특으로, 진로 활동으로 점점 더 구체화되며 생기부에 기록되었습니다. 눈앞의 시험 성적 하나하나에 연연하기보다는, 나의 꿈을 진지하게 설정하는 일이 우리 아이들에게 우선되어야 하는 이유입니다. 또한 끝까지 꾸준하고 진지하게 공부하는 자세를 가져가야 하는 이유이기도 합니다.

학생 스스로 자신의 미래를 꿈꾸며 성장한 결과가 생기부에 기록되어 입시를 성공으로 이끕니다.

출결상황,
생기부의 첫인상

출결 관리는
완벽한 생기부의 시작입니다

출결상황 영역의 입시 반영 여부 및 반영 방법

고입(일반고)	고입(특목고)	대입(학종)	대입(정시)
미인정 출결 사안의 횟수를 점수화해 입시에 반영 단, 대입(정시)의 경우는 일부 대학만 반영			

생기부의 첫 페이지에 인적사항과 더불어 가장 먼저 나오는 영역이 바로 '출결상황'입니다(240페이지 부록 참고). 출결상황에는 1년 동안 의 지각, 조퇴, 결과, 결석 횟수가 사안별(질병, 미인정, 기타)로 나뉘어 기록됩니다. 아래의 표를 통해 출결과 사안의 종류를 살펴봅시다.

출결의 종류

지각	학교장이 정한 등교 시각까지 출석하지 않은 경우
조퇴	학교장이 정한 등교 시각과 하교 시각 사이에 하교한 경우
결과	수업 시간의 일부 또는 전부에 불참한 경우
결석	출석해야 하는 날짜에 출석하지 않은 경우

사안의 종류

질병	정해진 기한 내에 정해진 서류를 증빙 자료와 함께 제출하는 경우
미인정	정당한 사유 없이 출결상황이 발생하는 경우
인정	출결상황이 발생하였으나 출석한 것으로 인정하는 경우(생리통, 법정 감염병, 현장체험학습, 경조사 등)
기타	부득이한 사정에 의한 결석임을 학교장이 인정하는 경우(부모 봉양, 간병 등)

 학부모에게 출결상황이 입시에 점수화되어 들어간다는 이야기를 하면 깜짝 놀라는 경우가 많습니다. 학교에 다니다 보면 아플 수도 있고, 학교에 빠질 수도 있는데 너무하다고도 합니다. 하지만 출결에서 입시에 반영해 감점되는 부분은 바로 '미인정 영역'입니다. 다시 말하면 아프지도 않고, 다른 특별한 사유가 없는데 출결상황이 발생한 경우입니다. 이제부터 생기부의 출결상황을 구체적인 예시와 함께 살펴보겠습니다.

생기부 출결상황 예시

학년	수업일수	결석			지각			조퇴			결과			특기사항
		질병	미인정	기타	질병	미인정	기타	질병	미인정	기타	질병	미인정	기타	
1	190	1				1		1			1			

 이 학생은 1년 동안 질병 결석, 질병 조퇴, 질병 결과를 한 번씩 했

고 미인정 지각을 한 번 했습니다. 일반적인 경우 미인정 지각 1회 정도로는 입시에서 감점되지는 않습니다. 그런데 입학사정관이 점수와는 별개로 생기부를 보며 어떤 생각을 할까요? 만약 출결상황이 모두 깨끗하고 특기사항에는 '개근'이라고 적혀 있는 학생의 생기부와 비교하는 경우라면 어떨까요? 개근을 한 학생은 입학사정관에게 학교 생활을 성실하게 하는 학생이라는 인상을 줄 것입니다. 그래서 출결 상황을 '생기부의 첫인상'이라고도 말합니다. 생기부의 모든 항목 중 입학사정관의 눈에 가장 먼저 들어오는 영역이기 때문입니다. 깨끗한 출결상황을 본 입학사정관은 생기부의 주인공이 성실한 학생이라는 첫인상을 가진 채로 생기부의 다른 항목들을 살펴보게 됩니다.

규칙적인 생활 습관으로
학교생활의 기본기를 잡아요

상대적으로 중고등학생에 비해 초등학생의 출결은 중요하지 않다고 생각하는 경향이 있습니다. 하지만 초등학생 때부터 출결 관리의 중요성을 인식해야 합니다. 그 이유는 초등학생 시기는 중고등학생이 되어서도 출결을 관리할 수 있도록 생활 습관을 들이고 연습하는 시기이기 때문입니다. 아이가 아무 연락 없이 학교에 가지 않는 일이 없도록 도와주고, 학교는 반드시 가야 하는 곳이라는 인식을 잘 심어줘야 합니다. 또 아이가 부득이하게 결석했을 경우, 알맞은 서류를 기한 내에 제출해야 하는데, 아직 어린 초등학생 아이가 이를 혼자 챙기기 어렵기 때문에 부모의 도움이 반드시 필요합니다. 서류를 제때 제출하지 않으면 미인정 결석으로 처리돼 생기부에 기록되기 때문입니다.

이제 출결사항이 학교생활에 있어서, 또 입시에 있어서 얼마나 중요한지 알게 됐을 것 같습니다. 그렇다면 초등학생 때 어떻게 준비해야 중고등학교에 가서도 출결을 잘 관리할 수 있을지 살펴보겠습니다.

▌규칙적인 생활이 아이에게 안정감을 줘요

출결의 기본은 규칙적인 생활 습관에서 시작됩니다. 초등학생 아이들은 신체적으로 많은 변화가 일어나는 시기를 보냅니다. 초등학생 시절 아이가 여행과 체험학습 등으로 경험을 쌓는 것도 중요하지만, 규칙적인 생활 리듬이 깨지지 않는 것이 더 중요합니다.

초등학교 저학년 때는 아이를 설득하지 않아도 습관을 잡을 수 있는 마지막 시기입니다. 이 시기에는 노는 것보다 일정한 습관을 잡는데 더욱 초점을 맞춰야 합니다. 일정한 시간에 되도록 일찍 자기, 좋은 음식을 일정한 시간에 먹기, 잘 씻고 푹 자기, 스스로 잠 잘 준비하기, 스마트 기기 사용 규칙 지키기 등 이 시기 아이들에게 좋은 습관을 들이는 것이 무엇보다 중요합니다.

우리 아이 생활 습관 체크리스트

☐ 일정한 시간에 잠자리에 드나요?

☐ 잠자리에 들기까지 씻기, 양치, 세수, 로션 바르기 등 해야 할 일을 알고 스스로 하나요?

☐ 잠을 깊이 잘 수 있는 환경이 유지되고 있나요?

☐ 일정한 시간에 일어나나요?

☐ 일정한 시간에 밥을 먹는 편인가요?

☐ 주중에 아이의 생활 패턴이 일정하게 유지되고 있나요?

☐ 스마트 기기 사용 시간에 제한을 두고 있나요?

☐ 편식하지 않고 건강하게 골고루 먹는 편인가요?

☐ 과자, 튀김, 달콤한 음식을 줄이고 건강한 간식으로 먹는 편인가요?

▌시간 개념이 있어야 자기 관리를 할 수 있어요

초등학교 1학년 때부터 학생들은 수학 교과서를 통해 시각 개념을 배웁니다. 1, 2학년에는 시계를 보고 시간을 읽는 법을 배웁니다. '정시', '정시 30분', '몇 시 몇 분' 읽기와 '걸린 시간'을 이해합니다. 3학년이 되면 초 단위까지 시각을 배우고 시간의 덧셈, 뺄셈까지 익힙니다.

아이의 시간 개념을 키워주기에 가장 좋은 곳은 가정입니다. 매일 아이에게 유치원 가는 시간, 학교 가는 시간을 알려주고 여행 갔을 때에도 일정과 시간에 대해서 충분히 이야기해주세요. 학교에서 시간 개념이 있는 친구들과 그렇지 않은 친구들은 많은 차이가 납니다. 이동 수업에 늦지 않으려고 미리 책을 꺼내 준비하고 있는 아이가 있는가 하면, 쉬는 시간이라며 수업 시작 종이 칠 때까지 놀고 있는 아이들도 있습니다. 시간 약속만큼 초등학생들에게 필요한 것이 성실성인데, 아이의 성실성을 성장시키려면 먼저 시간 개념이 잡혀 있어야 훈련과 연습이 가능합니다.

가정에서 아이들에게 시간 개념과 성실성을 익히도록 도울 수 있는 여러 방법이 있습니다. 먼저 기상, 등교, 취침 시간을 정해두고 시간에 맞춰 아이가 스스로 준비할 수 있도록 해주세요. 아이가 쉽게 볼 수 있는 곳에 시계와 할 일 목록을 만들어 붙여두면 아이가 직접 눈으로 확인하면서 시간에 맞춰 해야 할 일을 잘 챙길 수 있습니다. 또한 가족과 함께 집안일을 꾸준히 하는 것도 성실성을 연습하는 좋은 방법입니다. 아이에게 가정 안에서의 역할을 부여하고, 맡은 일을 꾸준히 이어갈 수 있도록 도와주세요. 아이가 집안일 하는 걸 힘들어한다면 시간을 정해 그 시간 동안 맡겨진 일을 끝내는 연습을 시켜주세요. 이를 통해 아이는 책임감과 함께 시간과 목표를 통제하는 힘을 기를 수 있습니다.

우리 아이 시간 개념과 성실성 체크리스트

□ 아이에게 오늘 날짜와 지금 시각에 대해서 매일 말해주나요?
□ 아이와 함께 여행할 때 시간, 일정에 대해서 알려주나요?
□ 아이에게 손목시계, 벽시계를 보고 스스로 시간을 확인할 기회를 주고 있나요?
□ 가정에서 시각에 따라 해야 하는 일이 약속되어 있나요?
□ 아이가 학교에서 수업 시작 시각, 점심 시각 등을 파악하고 있나요?
□ 하교 후 집에 와서 아이가 스스로 해야 할 일이 정해져 있나요?
□ 아이가 볼 수 있도록 달력에 일정을 적어두고 있나요?
□ 아이가 주로 맡아서 하는 집안일이 있나요?
□ 자신의 공간을 스스로 정리할 기회를 주고 있나요?
□ 아이가 자신이 할 일을 스스로 체크리스트로 작성해 실천해본 적이 있나요?

명문대 생기부는 초등부터 시작된다

마음이 건강한 아이가
학교생활을 즐거워해요

학교생활을 잘하고 싶어도 몸과 마음이 따라주지 않아 어려움을 겪는 아이들이 있습니다. 모든 것의 기초를 다지는 초등학생 시기에 아이가 몸과 마음의 체력까지 잘 키울 수 있도록 중심을 잡아주는 것이 부모의 역할입니다.

▎움직이는 만큼 발달하는 뇌

아이들은 몸을 움직일 때 뇌도 함께 발달합니다. 따라서 저학년 시기에는 몸을 많이 움직이는 것이 좋습니다. 어렸을 때부터 아이들이 바깥 활동을 할 기회를 많이 주세요. 놀이터에서 뛰어노는 것도 좋고, 부모님과 같이 산책을 하는 것도 좋습니다. 다양한 체험학습으로 아이에게 즐거운 기억을 많이 선물하면 그만큼 아이의 뇌도 성장합니다. 특히 자연을 많이 접하면 아이들의 정서발달과 더불어 체력발달에도 좋은 영향을 줍니다. 특히 초등학생 아이에게 운동은 정말 중요합니다. 운동을 잘하는 아이는 체력, 면역력이 올라가고 성격도 활발해지며 자존감도 높아집니다.

우리 아이 건강한 뇌 발달을 위한 활동량 체크리스트

☐ 아이가 주 3회 이상 운동을 하나요?

☐ 주 2~3회 이상 충분히 바깥놀이를 하고 있나요?

☐ 아이가 좋아하는 운동이 있나요?

☐ 일주일에 한 번 이상 자연과 가까이 하나요?

☐ 주 1회 이상 부모님과 함께 바깥활동을 하나요?

▌우리 아이 마음 건강 확인하기

SNS에서 사람들이 행복이라는 해시태그를 사용한 것을 분석해보았더니 대부분 누군가와 함께 있을 때 행복감을 느꼈다고 합니다. 특히 주변 사람들에게 영향을 많이 받는 어린아이일수록 더 그렇습니다. 그래서 내 아이가 좋은 관계 안에서 안정감을 느끼고 있는지 항상 살펴봐야 합니다. 그런 점에서 아이가 많은 시간을 보내고 영향을 받는 학교생활은 중요한 의미가 있습니다.

아이에게 학교생활에 대해 물어볼 때 "오늘 학교에서 어땠어?"라고 추상적으로 묻기보다 더 구체적으로 질문하는 것이 좋습니다. "오늘 쉬는 시간에는 뭐 하고 놀았어?"라고 답을 명확하게 할 수 있는 질문을 아이에게 해주세요. 물론 아이가 항상 즐거운 학교생활만 할 수는 없습니다. 하지만 부모님과의 구체적인 대화로 아이가 겪는 어려움을 부모님과 함께 해결해나가는 경험들이 쌓일 때 아이는 더욱 단단해집니다.

그리고 아이가 좋아하는 관심 분야는 있는지, 어떤 놀이를 좋아하는지, 취미는 무엇인지 파악해야 합니다. 혹시 우리 아이가 무기력하거나 힘들어하지는 않는지, 만약 그렇다면 그 이유에 대해서도 관심을 가지고 이야기를 나눠야 합니다. 이는 아이들을 위해서이기도 하지만 곧 아이의 사춘기를 맞이하며 여러 가지로 어려움이 생길 부모를 위해서이기도 합니다. 사춘기가 되면 아이들은 말문을 닫으며 부모와도 정서적인 거리가 생깁니다. 사춘기 이전부터 많은 대화를 나눈 가정은 사춘기 시기에도 그동안 쌓아왔던 관계를 토대로 대화를 통해 어려움을 이겨낼 수 있습니다.

우리 아이 마음 건강을 확인하기 위한 체크리스트

☐ 아이가 학교에 가는 것을 즐거워하나요?

☐ 아이가 좋아하는 친구가 있나요?

☐ 아이가 이유 없이 아프다고 하지는 않나요?

☐ 아이의 학교생활, 친구 관계, 감정에 대해 매일 대화를 나누고 있나요?

☐ 아이가 자신의 감정을 잘 알고 표현하려고 노력하나요?

출결과 함께
학교생활 마저 놓쳐버린 아이들

사 례

▍미인정 결석 때문에 입시에 실패한 지원이

중학교 3학년 지원이는 예술고등학교(예고)에 가고 싶어 했던 학생입니다. 성적도, 그림 실력도 뛰어났고 누구 못지않게 성실하게 입시를 준비했지만 결국 원하는 학교에 진학하지 못했습니다. 지원이는 상담할 때마다 실력에 비해 자신 없는 모습을 보이곤 했는데요. 그 이유는 실기 능력 때문이 아니라, 1학년 때 가족들과 함께 해외여행을 장기간 떠나면서 미인정 결석을 많이 했기 때문이었습니다.

당시 지원이는 예고에 진학할 생각도 없었고, 중학교에 입학한 지 얼마 되지 않아서 출결의 중요성을 잘 알지 못했다고 합니다. 예고와 특목고의 경우 미인정 결석 일수에 따라 감점을 하기 때문에 대동소이한 실력을 가진 학생들이 경쟁할 때에는 출결상황이 커다란 변수가 될 수 있습니다.

2025학년도 서울예술고등학교 입학 전형 중 출결상황 반영 방법

구분	1	2	3	4	5
미인정 결석 일수	0~2일	3~5일	6~9일	10~12일	13일 이상
득점	20점	19점	18점	17점	16점

고등학교 입시를 예로 들었지만, 대학교 입시도 마찬가지입니다. 학생들은 비슷한 내신 성적을 가지고 경쟁합니다. 지원이처럼 장기간 미인정 결석이 발생하는 경우는 드물지만 종종 미인정으로 출결상황이 표시되는 학생들이 있습니다. 특별한 사유 없이 제시간에 학교에 도착하지 못하는 경우는 미인정 지각이기 때문입니다. 평상시에 지각을 하지 않던 학생들도 중요한 시험이 끝나고 나면 긴장이 풀려 지각하는 경우가 있습니다. 고등학생 중에는 수능이 끝나고 나서 출결 관리를 하지 않다가 재수를 하는 경우, 다음 해에 수시 전형에 지원하며 후회하는 학생이 생기기도 합니다. 3학년 1학기까지만 생기부를 반영하는 대학도 졸업생들의 경우 출결만은 3학년 2학기까지 반영하는 경우가 있기 때문입니다. 특히 조심해야 하는 경우는 질병이나 특별한 사유가 있어 결석했지만 서류 미비로 인해 미인정으로 기록되는 경우입니다. 따라서 사유를 증빙하는 서류를 정해진 기한 내에 반드시 제출해야 합니다. 담임 선생님이 아무리 독촉해도 기한 내에 가져오지 않는 서류까지 만들어줄 수는 없습니다.

미인정 결석은 입시에 결정적인 변수가 됩니다.

▌잦은 결석과 지각으로 학교생활이 어려워진 현우

"선생님. 제가 아침에 우리 현우가 늦잠을 자서 늦는다고 미리 연락을 드렸는데 왜 미인정 지각인가요?"

중학교 1학년이었던 현우는 다양한 사유로 출결상황이 발생하던 학생이었습니다. 현우 어머니는 현우의 출결상황을 하나하나 확인하며 서류를 챙기던 분이었습니다. 그럼에도 불구하고 현우에게 미인정 기록이 남게 된 데에는 이유가 있습니다. 현우 어머니는 담임 교사에게 미리 연락만 하면 서류를 챙기지 않아도 미인정 지각이 되지 않는다고 생각했기 때문입니다. 하지만 미리 연락을 받았더라도 담임 교사는 규정에 따라 출결을 기록하게 됩니다. 학부모는 담임 교사가 융통성을 발휘해주기를 바라기도 하지만, 학교 입장에서 출결 기록과 관련 서류는 중요한 교육청 감사 지적 사항 중 하나입니다. 그렇다면 어떤 경우가 미인정으로 기록되는지 예시를 보면서 살펴봅시다.

① 쉬는 시간에 화장실에 갔다가 수업 시간에 5분 정도 늦게 들어온 샛별이

② 체육 시간에 친구들이 특별실을 가는데 잠이 들어 교실에 남아 있던 민수

③ 좋아하는 연예인의 공연을 보러 가려고 수업 중간에 귀가한 영원이

④ 등교 중에 배가 아파서 집으로 돌아갔다가 1교시 수업 시작 이후에 들어온 준수

①번은 어떨까요? 학교의 규정을 살펴봐야겠지만 일반적으로 샛별이의 출결 기록에는 아무것도 남지 않습니다. 수업 시간의 몇 퍼센

명문대 생기부는 초등부터 시작된다

트를 참여해야 출석으로 처리할 것인지에 대한 규정이 학교마다 정해져 있고, 수업을 빠졌다고 보는 결과의 정의도 조금씩 다릅니다.

②번 민수의 경우는 미인정 결과입니다. 중학교부터는 담임 교사가 일과 중 반 학생들의 다른 수업까지 챙기기가 어렵습니다. 담임 교사도 그 순간에는 다른 반의 교과를 담당하고 있기 때문입니다. 부모 입장에서는 친구들이라도 깨워줬으면 좋았을 텐데 너무한다고 생각할 수 있지만, 친구들이 아무리 깨워도 일어나지 못하는 아이들이 있습니다. 출결의 책임은 담임 교사나 친구들이 아닌 본인에게 있습니다.

③번 영원이의 경우는 어떨까요? 어떤 경우는 인정 조퇴가 되기도 하고, 어떤 경우는 미인정 조퇴가 되기도 합니다. 인정 조퇴가 되기 위해서는 학교에서 정한 기한 내에 체험학습 신청서를 제출하고, 보호자와 함께 안전한 체험학습을 하고 있다는 사실이 확인된 후, 교감 선생님의 결재까지 받아야 합니다. 체험이 끝난 이후에는 정해진 기한 내에 학교에 체험학습 보고서를 제출해야 합니다.

④번 준수는 질병 지각일까요? 아니면 병원에 다녀오지 않았으니 미인정 지각일까요? 상습적이지 않은 2일 이내의 결석은 학부모 의견서가 첨부된 결석계를 정해진 기간 내에 제출하면 질병으로 처리할 수 있습니다.

현우의 어머니는 규정을 확인한 다음부터 주로 현우가 아프다는 연락을 했습니다. 현우가 병원에 들러서 학교에 오는 경우도 있었지만 대부분 집에서 쉬었다 학교에 오겠다는 내용이었고, 출결 증빙 서류로는 부모님 확인서를 제출했습니다. 생기부상으로는 더 이상 미인정 출결상황이 발생하지 않았지만 현우의 학교생활은 순탄하지 않았습니다. 학교에 결석하는 날들이 많아질수록 친구들과 가까워질 기회가 적어지고, 수업을 따라가기도 힘들었기 때문입니다.

학생도, 부모도 출결을 중요하지 않게 생각하는 일이 늘고 있습니다. 학교에 가기 싫다고 하거나 늦잠을 잔 자녀를 위해 아파서 학교에 못 간다고 전화해주는 부모도 있다고 합니다. 단순히 입시에 들어가는 점수 때문에 출결을 관리해야 하는 것은 아닙니다. 스스로 제시간에 맞춰 등교하고, 정해진 시간대로 생활하는 규칙적인 생활 습관을 갖추는 건 학교생활의 기본입니다.

출석을 잘해야 학교생활도 잘해낼 수 있습니다.

▍결석 일수가 줄어들면서 학교생활이 즐거워진 정민이

학년이 올라갈수록 수업 시간은 길어지고 수업 시수가 많아지기 때문에 상급학교에 진학하면서 체력적으로 부담을 느끼는 학생들이 생기게 됩니다. 건강이 뒷받침되지 못한다면 학업 능력을 잘 갖추고 있어도 대입이라는 장기 레이스를 치르면서 아이들이 지칠 수 있습니다. 게다가 결석 일수가 많은 학생은 학교생활에서 어려움을 겪는 경우가 많습니다. 수업 결손 때문이기도 하지만, 학교에 나오지 않으면 학업에만 영향을 주는 게 아닙니다. 친구들과 상호작용할 기회마저도 사라지게 됩니다.

중학교 2학년인 정민이는 질병 결석 일수가 많은 학생이었습니다. 친구들도 정민이는 아파서 학교를 못 나오는 게 당연하다고 생각할 정도였습니다. 질병의 사유도 다양해서 허리가 아프기도 하고, 목이 아프기도 하고, 배가 아프기도 했습니다. 정민이의 부모님은 여러 병원을 다녀도 병이 낫지 않는다며 정밀 검사를 해보기도 했지만, 별다른 이상은 나타나지 않았습니다.

학교에는 정민이처럼 특별한 원인이 없는데도 아파서 학교를 나오지 않는 학생들이 늘고 있습니다. 질병 결석이 많은 학생 중 상당수는 마음이 아픈 학생들입니다. 몸의 건강만큼 중요한 것이 바로 마음의 건강입니다. 마음이 아픈 이유는 몸이 아픈 이유보다 다양하고 알기 어렵기 때문에 전문가의 도움이 필요합니다. 학교에 있는 WEE 센터 (교육부에서 운영하는 위 프로젝트의 일환으로 전문상담교사가 상주하며 도움이 필요한 학생들과 학부모들에게 도움을 주는 곳)나 지역상담센터를 이용할 수도 있고, 사설 상담기관이나 병원을 찾을 수도 있습니다.

정민이는 우선 학교에 있는 상담실에서 상담을 받기 시작했고 2학기가 되자 눈에 띄게 결석 일수가 줄어들었습니다. 정민이를 살뜰하게 살폈던 상담 선생님과 담임 선생님 덕분이기도 했지만, 정민이의 마음가짐이 달라졌기 때문이었습니다. 정민이는 1학기만 해도 친구들과 어울리는 모습을 찾아보기 힘들었는데, 2학기가 되어 학교에 자주 나오면서부터 정민이에 대해 잘 알지 못했던 친구들과도 조금씩 가까워지기 시작했습니다.

"정민아. 너 도덕 시간에 발표 잘하더라. 그렇게 말을 잘하는 줄 몰랐어."

처음에 정민이는 친구들의 이런 말을 듣고도 크게 반응하지 않았습니다. 하지만 무표정했던 정민이도 분명 조금씩 달라지고 있었습니다. 어느 날, 정민이가 병원에 다녀와 점심시간쯤에 교실 뒷문을 열고 나타났습니다. 고개를 숙이고 자리로 가던 정민이에게 누군가 밝게 웃으며 손을 흔들자 정민이도 미소를 지으며 손을 흔들었습니다. 정민이가 점점 학급에 스며들고 있었습니다. 학년이 끝나갈 즈음, 정민이는 아이들 무리에 껴서 농담 따먹기를 하는 평범한 중학생이 되었습니다. 학교를 나오는 건 중요합니다. 학교에 출석하며 아이들은 성장하기 때문입니다. 어려움을 극복하고 이겨내는 과정을 외면하면 성장의 기회마저 놓치게 됩니다.

결석을 많이 할수록 아이는 학교에서 멀어지고 성장의 기회마저 놓치게 됩니다.

명문대 생기부는 초등부터 시작된다

아이의 성향을 알기 위한 심리 검사

부모는 내 아이를 객관적으로 보기가 쉽지 않습니다. 따라서 심리 검사를 통해 아이를 보다 객관적이고 종합적으로 이해할 기회를 가져보면 큰 도움이 됩니다. 또한 검사를 받는 것도 적기가 있습니다. 초등 시기에는 별문제 없이 잘 지내던 아이가 중학생이 된 후 여러 변화를 겪으면서 그제야 심리 검사의 필요성을 느끼는 부모도 있습니다. 하지만 중학생이 된 아이들은 부모가 권유해도 검사 자체를 거부하거나, 검사를 받더라도 성의 없이 임하기도 합니다. 그럼 검사 결과 역시 제대로 나오지 않을 수 있습니다. 따라서 아이에게 맞는 적기에 검사를 받은 후, 아이의 특성을 미리 파악하는 것을 추천합니다. 내 아이의 성향과 부모의 양육 태도를 점검해볼 수 있는 검사들을 소개하겠습니다.

① 풀배터리 검사

내 아이가 어떤 성향을 가지고 있는지 지능, 대인관계, 자기지각, 정서 등을 종합적으로 파악할 수 있는 검사입니다. 현재 아동의 마음 상태를 알아보기 위한 심리 검사로 사용됩니다. 풀배터리 검사에는 웩슬러 지능 검사, 다면적 인성 검사, 문장 완성 검사, 그림 검사, 벤더게슈탈트 검사, 투사 검사, 동적 가족화 검사가 있습니다. 아이가 학교생활에 잘 적응할 수 있을지, 만약 어려움을 겪고 있다면 어떤 특성 때문인지 확인할 수 있습니다. 한 가지 팁은 검사 시간이 오래 걸리기 때문에 아이의 컨디션이 좋을 때 진행하는 것이 더 좋습니다.

② TCI 검사

TCI란 유전적으로 타고나는 기질과 후천적으로 발달하는 성격을 함께 평가하는 검사입니다. 현재 심리 상담 분야에서 많이 사용되고 있고, 아이의 기질과 성격의 강점, 약점에 대해 풍부한 정보를 제공합니다. 양육자 보고식으로 이뤄져서 유아부터 검사할 수 있으며 아이에 대해 부모가 더 잘 파악할 수 있다는 점에서 추천합니다.

③ 부모 양육 태도 검사

부모의 양육 태도를 지지 표현, 합리적 설명, 성취압력, 간섭, 처벌, 감독, 과잉기대, 비일관성 등 총 여덟 가지로 나눠 검사하는 자기 보고식 검사입니다. 이를 통해 부모님의 양육 태도에 어떤 특성이 있는지 살펴볼 수 있고, 앞으로의 양육에도 좋은 길잡이가 될 것입니다. 상담센터에서 부모 양육 태도 검사와 TCI 검사를 한 번에 진행하기도 하는데 아이의 전반적인 기질과 성격, 부모의 양육 태도를 다각적으로 살펴보며 도움받을 수 있습니다.

PART3.
★ ★ ★

교과학습발달상황,
생기부의 심장

지필평가, 수행평가, 과세특까지 잡아야 교과 영역이 완성됩니다

교과학습발달상황 영역의 입시 반영 여부 및 반영 방법

고입(일반고)	고입(특목고)	대입(교과)	대입(학종)	대입 (정시)
내신 성적을 점수화해 매우 높은 비율로 반영	특목고 및 자사고의 자체 기준에 맞는 과목별 내신을 점수화해 반영 (영재학교 및 과학고는 과세특 내용을 생기부 평가 및 면접에 활용)	내신 성적 위주로 반영	대학별, 계열별로 내신 성적을 점수화해 반영 + 이수과목 및 과세특 내용을 점수화하고 면접에 활용	서울대, 고려대, 연세대, 한양대를 포함한 일부 대학에서 내신 성적을 점수화해 반영

초등학교에서 중학교, 고등학교로 올라갈수록 아이들의 성적에 대한 관심도, 스트레스도 높아지는 것처럼 보입니다. 초등학교에서 배움이 무엇인지 알게 되고, 중학교에서 시험에 겨우 익숙해진 아이들이 고등학교에 올라가는 과정에서 성적이란 단순히 점수와 평가를 넘어 원하는 대학에 진학하기 위한 열쇠라는 걸 깨닫기 때문입니다.

학생들이 수업을 듣고, 시험을 본 결과는 생기부에 차곡차곡 기록됩니다. 학기당 한두 번의 정기고사(지필평가)와 수업 중 수시로 이뤄지는 수행평가까지 모두 치르고 나면, 각 과목에서 도달한 성취 수준을 수치로 확인할 수 있습니다. 여기서 중요한 건 성적이 단순히 점수로만 입력되는 것이 아니라는 점입니다. 각 과목에서 이뤄진 교육 과정을 바탕으로 학생이 해당 수업 시간에 어떤 활동을 했고, 어느 수준까지 성취했는지 '서술형'으로도 기록됩니다.

우리가 흔히 내신이라 부르는 성적은 지필평가와 수행평가의 결과를 합산해 원점수, 성취도, 석차등급으로 표현됩니다. 그와 함께 생기부에는 각 과목에서 개별 학생이 성취한 내용과 세부 능력을 500자 이내로 기록하는 항목이 있습니다. '교과학습발달사항'의 하위 영역으로 '세특' 또는 '과세특'이라고도 부르는 '세부능력 및 특기사항'입니다(242페이지 부록 참고).

교과학습발달사항은 생기부에서 학생의 학업 능력을 설명하는 가장 핵심적인 항목입니다. 생기부를 기반으로 학생을 평가하는 입시에서 학생 선발 첫 번째 기준은 성적일 수밖에 없습니다. 이를 통해 확인하고자 하는 건 상급학교에 지원한 학생이 공부를 해나갈 충분한 학업 능력을 갖췄는지의 여부입니다.

하지만 성적 외에도 학생이 가지고 있는 잠재적인 능력을 알고 싶다면 어떻게 해야 할까요? 부모도 우리 아이에게 바른 학습 태도, 성실성, 협력심, 지적 탐구력 등 학생이 가져야 할 능력이 있는지 궁금하듯이 대학도 마찬가지입니다. 성적 외에도 전공 적합성에 관한 학생의 개성과 노력까지도 판단하고자 합니다. 생기부를 통해 대학에서 학생의 잠재력을 판단할 수 있는 부분이 바로 과세특입니다.

고등학교 교과학습발달상황 예시

[1학년]

학기	교과	과목	학점	원점수/과목평균	성취도	성취도별 분포비율	석차등급	수강자수	비고
1	국어	공통국어1	4	85/55.3	A(185)	A(39.5) B(54.6) C(5.9)	1	185	
	수학	공통수학1	4	34.6/58.0	C(185)	A(25.0) B(43.3) C(31.7)	3	185	
	영어	공통영어1	4	89/60.1	A(185)	A(23.8) B(33.8) C(42.3)	1	185	
	...	...	...	...	...	...			
이수학점 합계			26						

과목	세부능력 및 특기사항
공통국어1: ...	
공통수학1: ...	

[체육·예술/과학탐구 실험]

학기	교과	과목	학점	성취도	비고
1	교양	과학탐구실험	1	A	
2	...	...	...	...	
이수학점 합계					

과목	세부능력 및 특기사항
과학탐구실험: ...	

70페이지의 고등학교 교과학습발달상황 예시를 같이 살펴봅시다. 학생의 교과학습발달상황에는 다음과 같은 정보가 적혀 있습니다. '원점수'는 지필평가와 수행평가 점수를 합산해 산출한 학생의 해당 학기 과목 성적입니다. 각 고사별 반영 비율은 학교마다, 과목마다 다를 수 있습니다. '과목평균'은 이 시험을 본 학생들의 원점수 평균입니다. '성취도'는 원점수를 기준으로 A~E 5단계로 받게 되는 성취 수준 등급입니다. 중학교에서는 절대 평가로 90점 이상이면 A, 80점 이상이면 B, 70점 이상이면 C, 60점 이상이면 D, 60점 미만이면 E로 기재되지만, 고등학교에서는 시험 난이도에 따라 별도의 기준을 가지고 성취도를 산출하는 경우도 있기 때문에 원점수가 80점이더라도 성취도 A를 받을 수 있습니다. '석차등급'은 합계 점수를 기준으로 학생들의 석차가 정해지고, 그 석차에 따라 등급이 정해지는 방식입니다. 총 5등급으로 부여되며 1등급 10퍼센트 이하, 2등급은 10퍼센트 초과 34퍼센트 이하 등 비율로 구분됩니다. 예를 들어 전체 인원이 백 명인 학교라면 1등부터 10등까지 1등급이 되는 방식입니다. 체육과 예술 교과의 경우는 등급 없이 성취도만 표기됩니다.

앞서 말씀드린 것처럼 중학교는 절대 평가 방식이므로 석차등급이 표시되지 않지만, 고등학교와 마찬가지로 과세특을 기재합니다. 영재학교에 지원하는 학생들은 거의 모든 과목의 성취도가 A이지만, 입학사정관들은 과세특을 통해 그중에서도 차별화된 교과학습발달상황을 가진 학생들을 선별합니다.

중학교 교과학습발달상황 예시

학기	교과	과목	원점수/과목평균	성취도(수강지수)	비고
1	국어	국어	97/78.3	A(289)	
1	수학	수학	88/68.4	B(289)	
1	...	...	...	...	
과목	세부능력 및 특기사항				
국어:					

　그렇다면 대체 과세특에 어떤 내용이 담겨 있길래 대입에서도, 고입에서도 성적만큼 중요하게 여기는 걸까요? 과세특은 단순히 수업 태도가 좋다거나, 탐구 능력이 훌륭하다는 정도의 추상적인 수준의 평가를 의미하지는 않습니다. 구체적인 사례를 살펴보겠습니다.

　73페이지의 두 표를 보면 과세특의 모든 기록은 수업 중 일어난 학생의 활동을 토대로 합니다. 수행평가의 과정 및 결과뿐 아니라 수업 시간 내에 이뤄진 토론과 모둠활동, 학생 주도로 탐구한 내용을 수업 시간에 발표한 것도 과세특의 영역입니다. 따라서 수업에 수동적으로 참여해 교사가 전달하는 지식을 단순히 받아들이기만 한 학생과 스스로 문제를 제기하고 이를 구체화하며 심화시켜 나가는 과정을 보여준 학생의 과세특은 차이가 날 수밖에 없습니다. 결론적으로 지필평가와 수행평가, 과세특 이 세 가지를 모두 잡아야 성공적인 입시 결과를 얻기 충분한 교과학습발달상황이 완성된다는 것입니다.

성취도별 고등학교 '독서' 과세특 예시

상	'구조주의 언어학과 인류학'에 관한 지문을 자발적으로 선택하고 추론적 읽기를 적용해 지문을 읽고 수업 중 발표함. 배경지식이 없는 친구들을 위해 예시를 통한 개념 설명했고 내용을 구조화하는 방법을 제시해 독서 지문을 읽는 데 도움을 줌.
중	'구조주의 언어학과 인류학'에 관한 지문을 선택해 독해하는 과정을 수업 중에 발표함. 지문에서 이해하기 어려운 핵심어나 배경지식을 추가로 조사해 발표했음.
하	'구조주의 언어학과 인류학'을 주제로 한 지문을 읽고 스스로 만든 질문에 답하며 독해함.

성취도별 고등학교 '과학' 과세특 예시

상	원소의 선 스펙트럼 관찰 실험을 통해 선 스펙트럼에 따른 원소의 이름을 찾아낸 후 심화활동으로 원소마다 선스펙트럼의 선의 두께를 결정하는 원인에 대한 보고서를 작성해 발표함. 원소의 종류, 온도, 압력, 자기장, 도플러 효과 등의 요인을 쉬운 용어로 풀어 선 스펙트럼의 두께에 어떤 영향을 미치는지에 대해 설명함.
중	분광기로 연속 스펙트럼과 선 스펙트럼을 관찰한 후 원소들의 선 스펙트럼을 비교해 원소의 이름이 무엇인지 알아냄.
하	원소의 선 스펙트럼 관찰 실험을 통해 원소마다 선 스펙트럼이 다르다는 것을 확인함.

교육 과정을 모두 담고 있는
교과서 활용이 핵심이에요

교과 시간에 빛나는 학생들은 모두 저마다의 방식으로 공부하고 있습니다. 어려서부터 사교육 기관에서 열심히 선행 학습을 한 아이들도 있지만, 사교육의 도움 없이 전교 1등을 놓치지 않는 아이들도 있습니다. 그렇기 때문에 부모들 사이에서는 타고난 학습 능력이 가장 중요하다고 말하기도 합니다. 하지만 상위권 학생들이 모두 타고난 능력을 가진 아이들만 있는 건 아닙니다. 다만, 상위권 학생들에게는 세 가지의 공통점이 있었습니다. 바로 교육 과정을 이해하는 능력, 자기주도적으로 성실성·항상성을 가지고 지속적으로 노력하는 학습 태도, 지적 호기심을 토대로 문제를 구체화시킬 수 있는 탐구력을 가지고 있었습니다.

　지금까지 살펴본 것처럼 학교에서는 단 한 번의 시험만으로 학생을 평가하지 않습니다. 학교는 학생의 학습 능력을 여러 과정을 통해 종합적으로 평가하는 과정 중심 평가를 지향합니다. 학기별로 여러 차례의 지필평가와 수행평가를 실시하고, 과세특을 기록하는 이유가 여기에 있습니다. 시험과 수행평가, 과세특까지 신경 쓸 게 너무 많다고 말하는 학생과 학부모가 대부분이지만, 모든 활동을 배움의 과정이라 생각하며 매 순간 성실하게 참여하는 학생들에게는 과정 중심 평가가 오히려 기회가 됩니다.

상위권 학생들이 가지고 있는 공통점은 하루아침에 만들어지지 않습니다. 하지만 초등학생 때부터 차근차근 쌓아간다면 누구나 충분히 가질 수 있는 능력입니다. 이렇게 자신 있게 말할 수 있는 이유는 교과서 학습, 과정 중심 평가와 같은 교과학습발달상황의 핵심이 초등학교에서부터 단계적으로 시작되기 때문입니다. 타고난 능력보다 중요한 것은 체계적인 준비입니다. 좋은 성적과 학업 태도 모두 초등학교에서 시작되는 것입니다.

그렇다면 초등학생 아이는 어떻게 학습 능력을 키울 수 있을까요? 그리고 부모는 어떤 도움을 줄 수 있을까요? 자신의 미래를 기대하는 아이들, 반짝반짝 빛나는 눈으로 꿈꾸는 초등학생 시기는 공부에 대한 긍정적인 감정을 갖도록 도와주는 게 가장 중요합니다. 그래서 부모가 주도적으로 끌고 가는 방향이 아닌 아이가 자신의 학습에 책임감을 가지고 성장할 수 있도록 해줘야 합니다.

▍초등학교 교과서, 얼마나 알고 있나요?

교육 과정을 충실하게 따라가기 위해서 가장 중요한 건 교육 과정을 담고 있는 교과서를 보는 것입니다. 우리나라에서는 교과서를 만들기 전 먼저 교육 과정을 고시합니다. 교육 과정 해설서를 보면 '핵심 역량', '추구하는 인간상', '학교급별 교육 목표' 등 교육 과정에서 중점으로 두고 있는 목표와 방향성을 알 수 있습니다. 그리고 교육 과정에 따라 과목별로 성취 기준을 정해놓고 그 기준을 바탕으로 교과서를 만듭니다. 최근 초등학교에서는 초등학생의 과도한 경쟁을 막기 위해 결과 중심의 지필평가를 지양하고 과정 중심 평가를 하고 있습니다. 과정 중심으로 진행하는 수행평가 역시 아이들이 배우는 교과서를 기준으로 진행합니다. 따라서 문제집을 많이 푸는 것보다 교과서를 보고 먼저 개념을 이해하는 것이 중요합니다.

초등학교 교과서에는 학년별로 어떤 것이 있는지 75페이지의 표를 통해 확인할 수 있습니다. 먼저 국정 교과서와 검정 교과서에 대한 이해가 필요합니다. 국정 교과서란 교육부 주도로 개발해 저작권 역시 교육부에 있습니다. 그리고 전국 모든 초등학교에서 같은 교과서를 사용합니다. 검정 교과서는 민간 출판사에서 주도해 개발하고 저작권도 각 출판사와 저자에게 있습니다. 검정 교과서의 특징은 학교마다 다른 교과서를 선택할 수 있다는 점입니다. 국정 교과서와 검정교과서 모두 학교에서 학생들이 성취해야 할 과목별 성취 기준을 중심으로 제작되었기 때문에 내용이 크게 다르지는 않고 편집, 설명 방식

초등학교 학년군 교과서

학년	국정		검정
1-1	국어, 수학	학교, 사람들, 우리나라, 탐험	–
1-2		하루, 약속, 상상, 이야기	–
2-1	국어, 수학	나, 자연, 마을, 세계	–
2-2		계절, 인물, 물건, 기억	–
3, 4	국어, 도덕		수학, 사회, 과학, 음악, 미술, 체육, 영어
5, 6			수학, 사회, 과학, 음악, 미술, 체육, 실과, 영어

의 차이가 있습니다. 2022년부터는 3학년 이상부터 초등학교마다 수학, 사회, 과학 교과를 검정 교과서로 선택할 수 있게 되었습니다. 우리 아이의 학교에서 사용하는 교과서가 무엇인지는 학교 홈페이지를 통해 확인할 수 있습니다.

초등 저학년 때는 통합 교과라는 이름으로 '학교', '사람들' 등 배울 주제가 제목이 되는 교과서들이 있습니다. 각 과목에는 '즐거운 생활', '슬기로운 생활', '바른 생활'이라는 영역이 포함되어 있는데요. 즐거운 생활은 음악, 미술, 체육의 교과 내용이 통합된 영역, 슬기로운 생활은 사회, 과학과 관련된 영역, 바른 생활은 도덕과 관련된 영역이라고 생각하면 됩니다. 그리고 3학년 때부터는 중고등학생 때까지 배우는 교과서의 이름이 본격적으로 나옵니다. 그리고 고학년인 5, 6학년 때는 실생활에 사용하는 요리, 청소, 목공 등에 대해 배우는 '실과'라는 교과목이 추가됩니다. 그럼 우리 아이는 교과서를 어떻게

우리 아이 교과서 활용 체크리스트

☐ 아이가 어떤 과목의 교과서를 배우고 있는지 스스로 알고 있나요?

☐ 교과서로 배운 내용을 집에 와서 이야기하는 편인가요?

☐ 가정에서 사용하기 위해 교과서를 추가로 구매한 적이 있나요?

☐ 아이가 현재 학교에서 과목마다 어떤 단원이나 주제를 배우는지 알고 있나요?

☐ 아이가 학교에서 배우는 단원과 관련된 내용을 따로 집에서 검색해보거나 체험학습을
　다녀와본 적이 있나요?

☐ 아이가 배우는 과목과 관련된 문제집을 구매해 풀어본 적이 있나요?

☐ 학교에서 배우다가 모르는 낱말을 찾아볼 수 있는 국어사전이 있나요?

☐ 학교에서 교과서를 통해 배우는 내용 중 기억에 남는 내용을 따로 수첩에 정리하거나
　필기를 해본 적이 있나요?

☐ 학교에서 배운 내용을 더 알아보기 위해 검색해본 적이 있나요?

☐ 아이가 사용하는 검정 교과서를 확인하기 위해서 학교 홈페이지를 확인해본 적이 있
　나요?

활용하고 있는지 위의 체크리스트를 통해 한번 점검해볼까요?

　초등학교 학습의 핵심은 교과서입니다. 교과서만으로도 충분히 아이가 배움을 잘 정리하고 이해할 수 있고, 중고등학교 학습을 위한 준비를 할 수 있습니다. 학교에서 배운 내용을 확인하기 위해 아이에게 교과서를 집으로 가져오라고 하면, 아이가 다시 학교에 가져가는 것을 잊어버려 수업에 지장이 생길 수 있습니다. 또한 아이가 교과서를 챙기기에도 번거롭고 가방 역시 무거워집니다. 요즘 3~6학년 초등학교 교과서는 국어, 도덕을 제외하고 검정 교과서로 바뀌었기 때문에

각 출판사 사이트에서 구매할 수 있습니다. 저학년 때는 수학 교과서를 가정용으로 한 권 더 사두고 집에서 개념을 한 번 더 짚고 넘어가고, 고학년 때는 수학, 사회, 과학 과목 정도는 교과서로 내용을 확인한 후 문제집으로 정리하면 좋습니다.

▌ 저학년, 중학년, 고학년 교과서 활용법

같은 초등학생이라도 아이들의 발달 정도에 따라 교과서 수준과 활용법이 달라집니다. 저·중·고학년으로 나눠 교과서 활용법을 자세히 살펴보겠습니다.

① 저학년: 수학은 교과서로 복습, 다른 교과목은 체험하게 해주세요

초등학교 저학년은 수학 과목 정도만 따로 교과서를 추가 구매하면 좋습니다. 저학년 시기 아이들의 가장 큰 목표는 학교를 즐거워하는 것, 바른 생활 습관을 다지는 것입니다. 따라서 저학년 교과서는 음악, 미술, 체육, 도덕과 관련된 내용이 많아 집에서 복습할 필요는 없습니다. 다만, 수학은 다음 학년 수업 내용과 연계되기 때문에 한 학년 동안 배우는 내용을 단원과 상관없이 1년간 꾸준히 반복하며 개념을 온전히 이해할 수 있어야 합니다. 이때 활용하기 좋은 교과서가 수학 익힘책입니다. 가정용으로 수학 익힘책 한 권을 추가로 가지고 있으면 학교에서 배운 단원을 복습하는 데 도움이 됩니다. 그후에도 추가 학습이 필요하다고 생각되면 그때 문제집을 추가하면 됩니다.

수학 외에 다른 과목들은 교과서 학습에 시간을 많이 쏟기보다 학교에서 배운 단원과 관련된 장소에 실제로 방문하며 체험학습을 할 수 있도록 도와주세요. 아이들이 어떤 내용을 배우는지 잘 모르겠다면 학교에서 제공하는 주간 학습 예정표를 참고할 수 있습니다. 예를 들어 아이가 '우리나라'에 대해서 배우는 시기에는 민속촌이나 한옥 카페 등을 방문해 아이들이 배운 내용을 몸으로 한 번 더 경험하게 하는 것을 추천합니다. 직접 체험이 어려울 경우에는 책을 읽거나, 영화를 보며 간접 경험하는 것도 도움이 됩니다. 특히 책으로 학습하면 학습하는 주제와 관련된 어휘력과 사고력을 함께 키울 수 있어 다방면의 학습이 가능합니다.

② 중학년: 교과서를 암기하지 말고 경험하며 생각을 키워나가요

인지발달을 연구한 발달심리학자 장 피아제Jean Piaget는 아이의 정신은 정해진 단계에 따라 성숙한다는 이론을 만들었고, 이는 우리나라 교육 과정에도 큰 영향을 줬습니다. 피아제의 이론에 따르면 초등학교 중학년 시기는 학생의 인지 발달상, '구체적 조작기'에 해당되는 때입니다.

구체적 조작기 아동의 특징은 아동이 눈에 보이는 구체적인 문제에 대해 논리적으로 추론할 수 있는 능력이 증가한다는 점입니다. 따라서 이 시기의 아이들은 추상적인 언어보다는 구체적인 사물을 만져보거나, 눈으로 직접 보고 경험하는 체험학습을 통해 효과적인 학

피아제의 인지 발달 이론	
구체적 조작기 **(7~11세)**	눈에 보이는 실제적이고 구체적인 대상에 대한 논리적 추론 능력 발달
형식적 조작기 **(11세 이후)**	눈에 보이지 않아도 추상적 상징으로 논리적 사고 가능

습이 이뤄집니다. 그래서 3, 4학년 시기의 교과서를 살펴보면 추상적인 내용보다는 아이들이 주변에서 쉽게 볼 수 있는 소재를 배울 수 있도록 구성됩니다. 예를 들어 3, 4학년 사회 과목에는 아이가 사는 지역에 대해 배우는 내용이 많습니다. 자신이 사는 지역에는 어떤 문화유산과 관광명소가 있는지 조사해보도록 합니다. 이때는 지역의 문화유산을 직접 방문하면 좋습니다.

이 시기에 과학 교과서 역시 외우는 게 아니라 실제로 경험해보고 그 결과를 관찰하는 내용이 많습니다. 아이의 과학 교과서를 보고 집에서 할 수 있는 실험은 한 번 더 해보면 좋습니다. 예를 들어 3학년 때는 동물의 한살이를 배우는데 학교에서는 배추흰나비 알을 교실에서 키우며 한 살이 과정을 관찰합니다. 이 시기에 집에서도 한 살이 과정을 볼 수 있는 장수풍뎅이, 사슴벌레 등의 곤충을 키우며 아이와 함께 관찰할 수 있습니다. 4학년 시기에는 강낭콩을 키우며 식물의 한 살이를 관찰하기도 합니다.

국어 교과에서는 온작품 읽기를 시작하는 시기입니다. 학교마다 운영 형태는 다르지만 온작품 읽기 수업은 보통 한 학기 동안 책 한 권을 처음부터 끝까지 읽어보며 다른 과목과 통합하거나 책에 대해

배움노트의 예시

깊이 이해하는 방식으로 수업이 진행됩니다. 담임 선생님이 반에서 어떤 책을 읽는지 안내해주면 그 책을 가족과 함께 읽으며 다양한 독후 활동을 해볼 수 있습니다. 이를 통해 독서에 대한 긍정적인 경험을 쌓을 수 있습니다. 83페이지의 다양한 독후 활동을 가정에서 활용해보세요.

교과서를 활용하는 방법으로 수학은 저학년 때처럼 수학 익힘책을 가정용으로 구매해서 복습하며 그 단원의 개념을 익히고 문제를 풀어보는 것이 좋습니다. 이때 배움노트도 한 권 준비하면 좋습니다. 아이가 매일 집으로 돌아와서 배움노트에 과목별로 그날 배운 내용을 떠올려서 서너 줄의 간략한 필기를 하는 습관을 가지기 좋은 시기입니다. 일단 교과서를 보지 않고 수업 시간에 배운 내용을 기억하며 키

가족들과 함께 하는 독후활동 예시

• 가족과 역할놀이 하기

책을 읽은 후 가족 중 한 사람을 주인공으로 뽑습니다. 책의 주인공 역할을 하는 사람을 의자에 앉히고 주인공처럼 대하며 인사도 나눕니다. 나머지 가족들은 주인공에게 궁금했던 것을 질문하고 주인공 역할을 한 사람은 책 내용을 생각해보고 주인공의 입장에서 상상하며 대답해봅니다.

• 독서 퀴즈로 골든벨하기

책을 읽은 후 가족 구성원 모두가 책과 관련된 질문을 다섯 개씩 만들어봅니다. 가족들이 돌아가며 책에 대한 퀴즈를 내고 나머지 사람들은 골든벨처럼 답을 종이에 적어 들어올리며 퀴즈를 맞춰보는 활동을 할 수 있습니다.

• 집에 있는 인형에 이름표 붙여 인형극이나 역할놀이 하기

집에 있는 인형들을 활용해 가족이 등장인물 중 누구를 맡을지 정합니다. 책에 나오는 내용에 맞춰 인형극을 직접 해봅니다. 인형에 이름표를 붙여준 후 인형극을 해본다면 아이들에게는 책에 대한 즐거운 경험이 될 수 있습니다. 인형극을 완성한 후 영상으로 남겨보는 것도 추천합니다. 조금 더 자유롭게 레고, 피규어 등을 이용해 책 내용에 맞춰 놀이를 할 수도 있습니다. 전체적인 틀은 책 내용을 기반으로 하되 방식은 자유롭게 하도록 둔다면 아이들에게는 재미있고 즐거운 놀이 시간이 될 것입니다.

• 가장 인상 깊었던 장면을 표현해 전시회 개최하기

책을 읽고 가장 인상 깊었던 장면을 하나씩 정해 그림, 네컷 만화, 동시, 클레이 점토로 장면 만들기, 표지 만들기 등으로 작품을 만들 수 있습니다. 작품을 완성한 후, 집에 책과 관련된 내용을 전시하는 공간을 만들어놓으면 책에 대한 즐거운 기억을 가족과 함께 공유할 수 있습니다.

워드나 한두 문장으로 정리한 후, 가정용 사회, 과학 교과서를 살펴보고 한 번 더 정리해봅니다. 정확한 키워드를 적지 않아도 괜찮습니다. 3, 4학년 수준에서는 일기처럼 배운 내용을 떠올리며 적어보는 것만으로도 충분합니다. 매일, 100퍼센트 충실히 하지 않아도 괜찮습니다. 일주일에 세 번 정도만 실천하더라도 아이들에게 조금씩 좋은 습관이 쌓이게 됩니다.

아이가 교과서를 읽은 후, 자신이 이해한 내용을 부모님에게 설명해보는 것도 좋습니다. 집에 화이트보드를 두고 자신이 배운 내용을 다른 사람에게 설명하면서 자신이 이해한 개념을 다시 한번 학습하게 됩니다. 한 연구 결과에 따르면 학습의 효율성은 다른 사람에게 설명할 때 가장 높게 나타난다고 합니다. 학습 효율성 피라미드를 보면 배운 내용을 누군가에게 가르치거나 설명할 때 90퍼센트가량 기억한다는 것을 확인할 수 있습니다. 중학년 시기는 부모님의 사랑과 인정

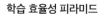

학습 효율성 피라미드

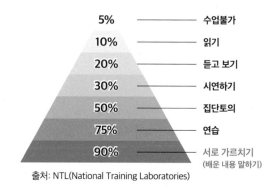

출처: NTL(National Training Laboratories)

명문대 생기부는 초등부터 시작된다

을 받고 싶어하는 나이이기도 해서 배운 내용을 부모님께 설명하고 또 칭찬받는 과정을 통해 아이는 공부에 대한 긍정적인 감정을 쌓을 수 있습니다.

③ 고학년: 교과서만으로도 충분히 학습이 가능해요

초등학교 고학년 시기는 중학년에 비해 학습 수준이 부쩍 높아집니다. 이 시기에는 경험 중심이 아닌 개념을 이해할 수 있는 추상적인 사고력을 요구합니다. 또한 과목마다 암기해야 할 내용도 늘어납니다. 중학년에 비해 수업 시수도, 학습량도 늘어나기 때문에 경험, 활동 중심 수업보다 지식 전달 및 강의식 수업이 비교적 많아집니다. 그러다 보면 이전에 비해 아이가 수업에 집중하는 것을 힘들어할 수 있습니다. 누구나 손을 들고 발표해보려고 했던 저·중학년 아이들도 고학년이 되면 수업 시간에 말이 없어집니다. 이때는 수업 내용을 필기하며 듣는 태도가 아이의 적극적인 수업 참여를 이끌어냅니다.

고학년 시기는 국어, 수학, 사회, 과학 교과서를 가정용으로 준비하고 예복습을 하면 좋습니다. 수업 시작 전, 오늘 배울 내용을 미리 읽은 후에 궁금한 점을 필기노트에 써놓습니다. 그럼 답을 찾기 위해 더 주의 깊게 선생님의 수업을 들을 수 있습니다. 만약 질문에 대한 답을 수업 시간에 찾지 못했더라도, 노트에 써놓은 질문을 보고 집에 와서 포털사이트나 추가 학습을 통해 찾아볼 수 있습니다. 집에 와서는 수업 시간에 배운 내용을 기억하며 배움노트를 작성하면 좋습니다.

고학년 시기에는 배움노트를 좀 더 적극적으로 활용할 수 있습니다. 이때는 다양한 노트법을 활용해 높은 수준의 필기를 할 수 있습니다. 사회, 과학의 경우는 용어 정리, 마인드맵, 비쥬얼 싱킹, 코넬 노트법 등 다양한 방법으로 교과서에 있는 내용을 정리해보면 좋습니다. 이 노트법들의 핵심은 머릿속에 있는 정보를 시각화함으로써 더 오랫동안 기억할 수 있게 하는 것입니다. 덧붙여 노트 정리를 할 때 스티커나 도장 등을 활용해 꾸미게 하면 아이가 뿌듯함을 느낄 수 있어 추천하는 방법입니다. 그리고 교과서의 내용을 정리한 후 수학, 사회, 과학 문제집을 통해서 단원별로 정리를 하는 것도 도움이 됩니다.

▌학년별 교육 성취 기준을 확인해요

91페이지에는 학년이 끝났을 때, 우리 아이가 바른 학습 및 생활 태도를 가지고 학교생활을 통해 잘 성장했는지 확인할 수 있는 체크리스트를 제시해뒀습니다. 가장 최근에 개정된 2022 개정 교육 과정을 참고해 만들었습니다. 자세한 성취 기준은 국가 교육 과정 정보센터(NCIC) '교육 과정 자료실'의 〈교육 과정 원문 및 해설서〉 초등학교 부문에서 확인할 수 있습니다.

체크리스트를 보면 초등학교에서 학년별로 어떤 내용을 배우는지, 학년이 높아지면서 어떻게 상위 개념들로 발전되는지 흐름이 보일 것입니다. 상위 학년으로 올라갈수록 '이렇게 어려운 걸 초등학생 때 배우는구나' 싶어 놀랄지도 모르겠습니다. 학년이 올라갈수록 아이들의 학습 능력도 높아지지만, 그만큼 수업 시수도, 학습량도 늘어납니다. 하지만 교과서를 살펴보면 한 수업에 하나의 학습 목표만 성취하면 되기 때문에 정해진 시간 동안 충실히 따라간다면 수업을 잘 이해할 수 있습니다.

한 가지 더 참고할 점은 요즘은 선생님들이 교과서를 100퍼센트 활용하지 않고 학습지를 사용하거나 교과서를 재구성해 수업을 진행하고 있어 모든 교과서에 빼곡하게 아이의 글이 채워져 있지 않을 수도 있습니다. 선생님들에 따라 체험학습, 토론, 학습지, 협동학습 등 다양한 방식으로 성취 기준을 달성하기도 합니다. 만약 아이의 교과서에 비워진 필기칸이 있다면 가정용 교과서로 한 번 더 정리하고 넘어가면 아이에게 도움이 될 것입니다.

▍초등학교의 평가, 수업이 가장 중요해요

초등학교에서의 평가는 절대 평가이고 과정 중심 평가입니다. 초등학교에서 좋은 평가를 받으려면 학원을 더 다녀야 되는 게 아니라 수업 시간에 제시된 활동들을 성실하게 따라가면 됩니다. 예를 들어 담임 선생님이 '우리 고장의 옛이야기를 알아볼 수 있다'라는 성취 기준을 달성하기 위해 옛날 이야기와 관련된 그림책 만들기 프로젝트로 학습을 진행한다면, 평가 역시 수업 시간에 얼마나 열심히 참여했고 새로운 우리 고장의 옛 이야기를 알게 되었는지를 평가합니다.

89페이지 표는 실제 초등학교에서 학년마다 사용하는 평가 계획서의 예시입니다. 과목마다 조금씩 다르긴 하지만 보통 한 과목당 한 학기에 서너 개 정도의 평가를 진행합니다. 자녀가 재학 중인 학교의 평가 계획서도 학부모가 직접 확인할 수 있습니다. 더 자세한 평가 내용이 궁금하다면 '학교알리미'나 각 학교 홈페이지에서 확인해보세요.

• 평가 계획 확인 방법

학교알리미 접속 → 학교 검색 → 학업성취사항 클릭 → 평가 계획 확인

초등학생의 수행평가는 따로 숙제로 제시되기보다 수업 중에 이뤄고 학습의 결과뿐 아니라 과정에 얼마나 성실하게 참여했는지를 함께 평가합니다. 과정 중심 평가를 잘하기 위해서는 학교에서 사용하는 학습지나 교과서에 꼼꼼하게 자기 생각을 작성하는 것이 중요합니다. 학교에서 아이들을 볼 때 교사로서 안타까운 경우가 있습니다. 생각하기를 싫어하고, 그저 주어진 수행평가를 빨리 끝내고만 싶어하는 아이들을 볼 때입니다. 안타깝지만 그런 아이들에게는 높은 점수를 주기 어렵습니다. 초등학생은 하루 종일 담임 선생님과 함께 하다 보니 담임 선생님들은 아이의 평소 생활 태도를 많이 지켜보게 됩니다. 좋은 평가 결과를 내는 아이들에게는 공통점이 있습니다. 자리정돈을 잘하고, 시간 약속을 지키고, 교과서 및 학습 자료를 잘 챙기고, 수업을 집중하며 따라가고, 질문과 발표를 적극적으로 하는 등 모든 활동에 최선을 다한다는 점입니다.

평가 계획서 예시

학년	4학년	영역	과학 - 생명의 연속성
단원		2. 식물의 한 살이	
성취기준		[4과13-02]식물의 한살이 관찰 계획을 세워 식물을 기르면서 한살이를 관찰할 수 있다.	
평가요소		• 관찰 계획을 세워 식물의 한살이 관찰하기 • 식물의 한살이를 관찰하면서 관찰 결과를 그림, 사진, 표 등으로 정리하기	
평가기준		㉠ 식물의 한살이 관찰 계획을 세워 식물이 자라는 조건을 고려해 식물을 기르면서 한살이 관찰 결과를 그림, 사진, 표 등으로 나타낼 수 있다. ㉡ 식물을 고려해 식물을 기르면서 식물의 한살이를 관찰하고, 관찰 결과를 기록할 수 있다. ㉢ 식물을 기르면서 식물의 한살이 과정을 관찰할 수 있다.	
평가방법		관찰보고서	

고학년 때는 모둠활동으로 수업을 진행하기도 합니다. 아이들이 모둠활동을 할 때, 친구들의 의견을 경청하면서도 적극적으로 자신의 생각을 얘기하고 협력해 행동해나가는 모습도 중요합니다. 평소 제법 성실한 학생들도 친구들과 함께 활동할 때는 장난을 치는 경우가 간혹 있는데 아이들에게 모둠활동도 중요한 학습이라는 것을 인지시켜줘야 합니다. 평가 때문이 아니더라도 친구에 대한 예의는 기본적으로 갖춰야 할 태도이기 때문입니다. 정리해보자면 초등학교에서는 아이가 자신의 배움에 주도성을 가지고 올바른 태도로 수업에 성실히 참여하면 좋은 평가를 받게 됩니다.

앞에서도 계속해서 강조했듯이 초등학교에서는 과정 평가가 중요하기 때문에 따로 지필평가를 보지 않는다고 생각하는 부모도 있습니다. 하지만 그렇지 않습니다. 초등학교에서도 꼼꼼하게 지필평가를 하는 과목이 있습니다. 바로 수학입니다. 수학은 보통 각 단원이 끝날 때마다 단원평가를 봅니다. 초등 수학에서는 앞 단원에 학습의 결손이 생기면 뒤에 이어지는 단원에도 영향을 주기 때문입니다. 예를 들어 약분과 통분 단원을 제대로 익히지 못하면 그다음 단원인 분수의 덧셈과 뺄셈을 할 수 없습니다. 여기서 한 가지 중요한 점은 학교에서 제시되는 수학 단원평가는 단원에서 제시된 연산을 풀 수 있는지를 보는 수준이라 보통 또는 하 수준의 문제가 나오는 경우가 많습니다. 따라서 아이가 수학 단원평가에서 80점 이하를 받았다면 꼭 다시 점검을 해주세요.

아이가 좋은 평가를 받을 수 있도록 부모가 미리 평가 계획을 챙기는 것도 좋지만, 무엇보다 중요한 것은 학교생활에서 아이들이 최선을 다할 수 있도록 태도를 잡아주는 것입니다. 그리고 학교에서 이뤄지는 수업, 활동에 최선을 다할 수 있도록 격려해준다면 아이는 자신감을 가지고 학교생활을 해나갈 수 있습니다.

1학년 학습 및 생활 체크리스트

□ 맞춤법이 완벽하지 않아도 아이가 그림일기를 스스로 작성할 수 있나요?

□ 연필을 제대로 쥐고 글씨를 쓸 수 있나요?

□ 받아올림, 받아내림이 있는 두 수의 덧셈, 뺄셈을 할 수 있나요?

□ 학교를 즐겁게 다니며 학교생활에 잘 적응했나요?

□ 교과서에 낙서하지 않고 자신이 적어야 할 내용을 적어 왔나요?

□ 학교의 여러 교실(도서실, 교무실, 보건실 등)의 이름과 위치를 알고 있나요?

□ 학교에서 지켜야 할 기본적인 규칙을 알고 있나요?

□ 각 계절의 특징을 말할 수 있나요?

□ 계절마다 주로 하는 일들을 말할 수 있나요?

□ 내 몸을 안전하게 지키는 방법을 알고 있나요?

2학년 학습 및 생활 체크리스트

□ 구구단을 다 외웠나요?

□ 받아올림, 받아내림이 있는 두 자리 수의 덧셈, 뺄셈을 할 수 있나요?

□ 각 계절의 특징과 그 계절에 주로 하는 일을 말할 수 있나요?

□ 세계 여러 나라 중 두세 나라의 특징에 대해 말할 수 있나요?

□ 우리 동네와 동네 사람들이 가진 직업에 대해서 말할 수 있나요?

□ 내 몸을 안전하게 지키는 방법으로 배운 것을 말할 수 있나요?

□ 학교에서 지켜야 할 규칙을 알고 지키고 있나요?

□ 자신의 생각을 열 문장 정도로 표현할 수 있나요?

□ 연필을 바르게 쥐고 글씨를 또박또박 쓸 수 있나요?

□ 학교에서 배운 내용을 집에서 두 가지 이상 말할 수 있나요?

3학년 학습 및 생활 체크리스트

☐ 글의 중심 생각을 찾을 수 있나요?

☐ 시간 흐름, 장소 변화, 일하는 방법에 따라 글을 간추릴 수 있나요?

☐ 받아올림, 받아내림이 있는 두 자리 수의 덧셈, 뺄셈을 할 수 있나요?

☐ 두 자릿수의 곱셈을 할 수 있나요?

☐ 분수의 의미를 이해하고 대분수, 가분수, 진분수를 이해하며 분모가 같은 분수의 크기
　를 비교할 수 있나요?

☐ 내가 사는 지역의 문화유산, 옛 이야기, 주요장소에 대해서 설명할 수 있나요?

☐ 자연 환경, 인문 환경에 대해서 설명할 수 있나요?

☐ 디지털 영상 지도를 활용할 수 있나요?

☐ 고체, 액체, 기체에 대해서 설명할 수 있나요?

☐ 다양한 동물의 한살이를 설명할 수 있나요?

☐ 지구와 달의 특징에 대해 설명할 수 있나요?

☐ 자신이 배운 내용을 집에 와서 배움노트로 정리할 수 있나요?

☐ 80~100페이지 분량의 책을 읽을 수 있나요?

☐ 모둠학습을 할 때 적극적으로 참여하고 있나요?

4학년 학습 및 생활 체크리스트

□ 만화책이 아닌 글밥이 있는 책을 읽고 있나요?

□ 문장 짜임에 맞게 자신의 의견을 드러낸 글을 쓸 수 있나요?

□ 글쓴이의 의견을 평가하며 글을 읽을 수 있나요?

□ 조 단위의 수를 읽을 수 있나요?

□ 세 자릿수 곱하기를 할 수 있나요?

□ 세 자릿수 나누기를 할 수 있나요?

□ 분수의 덧셈과 뺄셈, 소수의 덧셈과 뺄셈을 할 수 있나요?

□ 이등변삼각형, 정삼각형, 사다리꼴, 마름모, 평행사변형의 개념을 말할 수 있나요?

□ 지노에서 사용히는 용어와 그 뜻을 말할 수 있나요?

□ 공공기관이 하는 일, 우리 지역의 문제와 해결방안을 말할 수 있나요?

□ 촌락과 도시의 특징 및 문제점과 해결방안을 말할 수 있나요?

□ 식물의 한살이, 잎의 특징에 따라 식물을 분류하는 방법과 여러 식물의 특징을 말할 수 있나요?

□ 지층과 화석에 대해 말할 수 있나요?

□ 화산과 지진이 발생하는 까닭과 우리 생활에 어떤 영향을 주는지 말할 수 있나요?

□ 물의 상태변화와 물의 여행을 설명할 수 있나요?

□ 학교에서 배운 내용을 집에 와서 마인드맵과 같은 노트법을 활용해 배움노트에 정리할 수 있나요?

□ 친구들과 협력해 모둠학습을 이끌어갈 때 열심히 참여하나요?

□ 친구들 앞에서 자신의 생각을 3분 이상 발표할 수 있나요?

5학년 학습 및 생활 체크리스트

☐ 친구들과 의견을 조정하며 토의에 참여할 수 있나요?

☐ 글의 구조(비교, 대조, 열거)를 파악하며 글을 요약할 수 있나요?

☐ 글을 쓰기 전에 떠올린 내용을 조직적으로 구성해 글을 쓸 수 있나요?

☐ 낱말의 짜임(복합어, 단일어)을 설명할 수 있나요?

☐ 약수, 배수, 최대공약수, 최소공배수를 구할 수 있나요?

☐ 약분과 통분을 이용해 분수와 소수의 크기를 비교할 수 있나요?

☐ 분수(진분수, 가분수, 대분수)의 덧셈과 뺄셈을 할 수 있나요?

☐ 직사각형, 평행사변형, 삼각형, 마름모, 사다리꼴의 넓이를 구할 수 있나요?

☐ 우리나라 국토의 위치, 구분, 행정구역, 지형, 기후 등을 설명할 수 있나요?

☐ 인권의 의미와 생활 속에서 인권 보장이 필요한 사례를 설명할 수 있나요?

☐ 헌법, 국민의 기본권, 국민의 의무, 법, 법의 역할에 대해 설명할 수 있나요?

☐ 온도의 특징과 열의 이동에 대해 설명할 수 있나요?

☐ 태양계 행성의 특징과 밤하늘의 별자리를 설명할 수 있나요?

☐ 원생동물(짚신벌레, 해캄), 균류(버섯, 곰팡이), 세균의 특징을 설명할 수 있나요?

☐ 열 줄 이상의 글을 쓸 수 있나요?

☐ 모둠활동에 적극적으로 참여하고 결과물을 만들어낼 수 있나요?

☐ 자신이 배운 내용을 친구들에게 설명할 수 있나요?

□ 근거를 들어 친구와 토론할 수 있나요?

□ 타당한 근거를 들어 논설문을 작성할 수 있나요?

□ 인물이 추구하는 가치를 파악하고 자신의 삶과 연결지을 수 있나요?

□ 극본의 특성을 이해하며 극본으로 표현하고 낭독할 수 있나요?

□ 뉴스에 나타난 정보의 타당성을 판단할 수 있나요?

□ 분수와 소수의 나눗셈을 할 수 있나요?

□ 각기둥과 각뿔의 특징을 알고 전개도를 그릴 수 있나요?

□ 비와 비율, 백분율에 대해서 설명할 수 있나요?

□ 직육면체의 부피, 겉넓이를 구하는 방법을 설명할 수 있나요?

□ 원기둥, 원뿔, 구의 특징을 알고 원의 넓이를 구하는 방법을 설명할 수 있나요?

□ 우리나라의 정치 발전(4.19혁명, 민주항쟁, 민주주의)과 경제 발전(경공업, 중화학공업, 첨단산업, 서비스업)에 대해 설명할 수 있나요?

□ 나라 간의 경제 교류를 하는 이유를 설명하고 사례를 말할 수 있나요?

□ 세계 여러나라의 생활 모습과 우리나라와 이웃한 나라의 특징을 말할 수 있나요?

□ 지구와 달의 운동 특징과 계절 변화가 생기는 이유를 설명할 수 있나요?

□ 여러 가지 기체의 특징과 연소, 소화에 대해 설명할 수 있나요?

□ 우리 몸의 구조와 기능(혈액 이동, 음식물 이동, 노폐물 배출, 자극 전달)에 대해 설명할 수 있나요?

□ 모둠활동을 적극적으로 참여하고 의미 있는 결과물을 만들어낼 수 있나요?

□ 자신의 의견이 담긴 글을 열다섯 줄 정도 쓸 수 있나요?

□ 배운 내용을 매일 과목별 세 문장 이상으로 정리할 수 있나요?

초등기 자기주도적 학습 태도가
평생 공부 습관이 돼요

초등학생들은 중고등학생들에 비해 의욕이 넘치는 편입니다. 잘하고 싶은 마음이 앞서지만 아직 경험이 부족하고 방법을 몰라 어려움을 겪기도 합니다. 이처럼 스스로 뭔가를 해내고 싶은 의욕이 넘칠 때가 아이의 자기주도적 학습 태도를 키울 수 있는 적기입니다. 그렇다면 우리 아이는 지금 자기주도적인 학습을 시작할 준비가 됐는지 97페이지 체크리스트로 확인해봅시다.

▌ 저학년 때는 자존감과 함께 공부 자신감을 키워요

교실 안에서 볼 수 있는 자존감이 높은 아이는 '더 좋은 학생'이 되고 싶어 하는 아이입니다. 학습 이야기 대신 갑자기 자존감에 대해 이야기해서 의외라고 생각할 수 있을 것 같습니다. 하지만 이는 전혀 관

우리 아이 자기주도 학습 체크리스트

☐ 학교나 가정의 일정을 알고 스케줄러나 달력에 기록하는 편인가요?

☐ 학교에 필요한 준비물이나 과제를 알고 스스로 챙기고 있나요?

☐ 자신이 학교에서 배운 내용을 저학년 때는 집에 와서 말하고, 고학년 시기에는 배운 내용을 노트에 정리할 수 있나요?

☐ 필기노트, 배움노트, 스케줄러 중 아이가 사용하는 게 하나라도 있나요?

☐ 자신이 해야 할 공부량을 꾸준히 해나가는 편인가요?

☐ 아이가 일기(주 3회 이상)를 꾸준히 쓰고 있나요?

☐ 자기가 공부하는 책상에 교과서, 문제집 등을 일정한 자리에 놓아두나요?

☐ 일정한 시간에 자신이 해야 할 일을 하는 게 있나요?

☐ 수행평가가 언제인지 관심을 가지고 챙기고 있나요?

☐ 자신의 책상, 가방, 옷을 스스로 정리하는 습관을 가지고 있나요?

련이 없는 얘기가 아닙니다. 교실에서 하는 활동이나 수업에 관심을 가지고 적극적으로 참여하는 아이 중에 자존감이 높은 경우가 많기 때문입니다. 이런 친구들은 교실에서 발표하는 상황에 손을 번쩍 들고 늘 적극적으로 나섭니다. 타고난 기질이 내향적이라 부끄러움이 많은 것처럼 보이는 아이들도 자존감이 높은 친구들은 단단하게 자신에게 맞는 학교생활을 해나갑니다.

① 자신을 먼저 사랑해야 학습을 시작할 수 있어요

가끔 가정 환경이나 교우 관계에서 어려움을 느끼는 친구들이 있습니다. 심리 상태가 좋지 않은 아이의 성취도가 높은 경우는 많지 않습니다. 따라서 아이가 학습에 집중할 수 있으려면 가정 환경과 학교 생활에서, 특히 큰 부분을 차지하는 친구들과의 관계에서 편안함을 느껴야 합니다.

먼저 아이의 교우 관계에 어려움을 미칠 수 있는 요인들은 무엇이 있는지 파악해서 도움을 줘야 합니다. 친구들과 겪는 작은 갈등은 부모와 아이가 다양한 대화를 통해서 해결책을 찾아볼 수 있습니다. 하지만 더 나아가 아이가 심리적인 어려움이 있지는 않은지 먼저 파악하기 위해 노력해야 합니다. 그리고 그 과정에서 전문가의 도움이 필요할 수도 있습니다. 예를 들어 불안감이 높은 아이에게는 불안감을 낮춰주는 것에 집중하고, ADHD 증상을 보이는 아이들은 검사를 통해 알맞은 도움을 받아야 합니다. 어린 시절 심리적인 어려움 때문에 주변의 친구들에게 부정적인 피드백이 쌓이면 아이에게 큰 상처로 남게 됩니다.

각 시도 교육청과 연계된 상담공간인 WEE 센터에서도 도움을 받을 수 있습니다. 또한 교육청, 도서관 등에서 아이들을 위한 다양한 프로그램을 제공하고 있으니 홈페이지에서 확인해 도움받을 수 있습니다. 아이가 편안한 마음을 가지고, 스스로를 사랑하는 것이 자기주도학습을 시작하는 기본 조건이 됩니다. 우리 아이는 현재 어떤 마음으로 학교생활과 학업을 이어가고 있는지 체크리스트를 통해 확인해 봅시다.

우리 아이 자존감 체크리스트

☐ 아이가 가정과 학교에 있는 시간을 즐거워하나요?

☐ 다른 사람의 말에 신경을 많이 쓰고 스트레스 받는 편인가요?

☐ 다른 사람과 비교하는 표현을 많이 하나요?

☐ 자기가 잘하는 게 무엇인지 세 개 이상 자신 있게 말할 수 있나요?

☐ 슬프거나 억울한 일이 있었을 때 오랜 시간 빠져 있지 않고 이겨내는 힘이 있나요?

② 저학년 때 좋은 습관을 들이는 것이 중요해요

저학년 시기는 아이를 설득하지 않고도 아이에게 좋은 습관을 들여줄 수 있는 마지막 기회입니다. 최근 아이에게 강요하지 않고 자율성을 준다는 명목으로 아이의 학교생활을 부모가 따로 챙기지 않는 경우가 많습니다. 하지만 학교에 얼마나 잘 적응하고 있는지 자주 아이에게 물어보고 바른 학교생활에 대해 구체적으로 이야기해줘야 합니다. "선생님 말씀 잘 들어라"라는 말보다는 '수업 시간에는 선생님만 쳐다보기', '수업 시간에는 친구와 대화하지 않기'와 같이 구체적인 수업 태도, 교우 관계, 생활 습관에 대해 하루에 두세 개씩 자주 이야기해주는 것이 효과적입니다. 핵심은 아이가 잔소리로 인식하지 않도록 다정하게 기억을 상기시켜준다는 느낌으로 말하는 것입니다. 그뿐 아니라 집에 와서 가방 정리하기, 옷 정리하고 방 정리하기, 연필 바르게 쥐기, 바르게 앉기와 같이 습관 측면에 초점을 맞춰 자녀를 교육해야 합니다.

학교생활에 필요한 구체적인 조언 예시

수업 태도	수업시간에는 선생님만 쳐다봐야 해.
교우 관계	친구에게는 친절하게 말해야 돼.
생활 습관	교실을 이동할 때는 꼭 걸어야 해. 다른 친구들이 다칠 수 있어.

학습도 마찬가지입니다. 저학년 시기에는 학습적인 부담이 적기 때문에 매일 30분 이상 책 읽기, 수학 익힘책이나 문제집 매일 꾸준히 풀고 확인하기, 학교에서 받아쓰기 시험이 있다면 집에서 미리 연습 시험 보기 등 부모님의 작은 도움으로 아이는 자신감 있게 학교생활을 해나갈 수 있습니다.

미국에서 5만 명 이상의 가족을 대상으로 3년간 가족의 생활 습관과 자녀의 학습 습관에 대한 연구를 진행했습니다. 연구 결과에 따르면 초등학생 아이는 자신의 학년에 10을 곱하고, 그 값에 10분을 더한 정도의 시간은 주도적으로 학습하는 것이 도움이 된다고 합니다. 위 계산법에 따른 학년별 학습 시간은 아래와 같습니다.

초등학생에게 매일 필요한 자기주도 학습 시간

1학년	2학년	3학년	4학년	5학년	6학년
20분	30분	40분	50분	60분	70분

아이 스스로 필요한 시간만큼 주도적으로 학습할 수 있도록 도와주세요. 저학년 때 아이에게 신경을 써준 만큼 고학년 시기에는 부모가 편해집니다.

③ 학교생활에서는 선생님과의 관계가 중요해요

특히 저학년 시기의 아이들은 학교에서 담임 선생님과 보내는 시간이 깁니다. 저학년의 특성상 이동 수업이 많지 않고 담임 선생님과 함께 대부분의 과목을 배우기 때문이죠. 따라서 아이들과 선생님의 유대가 깊은 경우가 많습니다.

1학년 학생의 학부모 상담에서 들었던 일화입니다. 부모님이 아이에게 "선생님이 10시 전에 자라고 했어"라고 말하자 아이가 "엄마, 그 얘기를 왜 이제야 해. 나 그동안 선생님이 그렇게 말한 줄도 모르고 늦게 잤잖아"라고 답했다고 합니다. 그만큼 이 시기의 담임 선생님은 아이들에게 절대적인 존재입니다. 이때 부모님은 아이 앞에서 무조건 선생님에 대해 긍정적으로 이야기해야 합니다. 아이가 학교에서 선생님을 더 바라볼 수 있도록 해주세요. 내 아이 앞에서는 적어도 우리 선생님이 최고라고 말해주면 아이는 선생님을 더욱 잘 따르며 즐겁게 학교생활을 해나갈 것입니다.

▌ 고학년 때는 자기주도 학습을 시작해요

고학년이 된 아이들은 추상적인 사고가 가능해지며 본격적인 학습을 할 준비가 된 친구들입니다. 저학년 시기에 기본 학습 습관이 잘 갖춰진 아이들이라면 자기주도 학습을 시작하는 게 어렵지 않을 것입니다. 만약 저학년 시기에 신경을 많이 못 써줬더라도 초등학생 시기까지는 아직 늦지 않았습니다. 이 시기의 아이들의 뇌에서는 뇌가 성장하면서 중요하다고 인식하는 신경망은 남기고 그렇지 않은 부분은 삭제하는 '시냅스 가지치기'가 일어납니다. 시냅스 가지치기가 이뤄지기 전에 아이에게 학습에 대한 긍정적인 감정을 심어주면 됩니다. 그러면 뇌는 긍정적인 감정을 중요하다고 인식해 계속 남겨두게 됩니다. 여기서 핵심은 아이를 다그치고 혼내는 게 아니라 부모가 아이와 함께 하는 것, 명령이 아니라 가이드를 주고 코칭해주는 것입니다.

① 복습하는 습관을 들이면 수업에 충실해요

예습은 학교에서 아이들에게 나눠주는 주간학습 예정표를 참고할 수 있습니다. 학교 특성상 주간학습 예정표를 나눠주지 않는다면 아이에게 어느 단원을 공부하고 있는지 물어본 후, 주말에 가정용 교과서로 단원을 미리 살펴보며 예습할 수 있습니다. 과목에 대한 사전지식이 있는 친구들은 수업 시간에 더욱 적극적으로 참여합니다.

복습은 그날 배운 내용을 집에 와서 과목별로 서너 문장으로 정리해보도록 합니다. 아이가 기억을 잘 못하면 가정용 교과서를 참고해 자연스럽게 복습이 이뤄지도록 합니다. 심리학자 헤르만 에빙하우스 Hermann Ebbinghaus의 '망각 곡선 이론'에 따르면 수업 시간에 배운 내용은 하루가 지나면 반은 사라진다고 합니다. 하지만 여러 번 반복할수록 머릿속 장기기억으로 남습니다. 아이가 매일 수업을 복습하는 습관을 가진다면, 내용을 잘 기억하기 위해 수업 시간에 더욱 집중하려고 노력하며 좋은 학습 태도를 쌓을 수 있습니다.

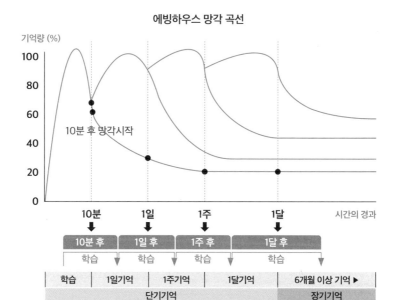

에빙하우스 망각 곡선

기억량 (%)

100
80
60
40
20
0

10분 후 망각시작

10분 | 1일 | 1주 | 1달 | 시간의 경과

10분 후 | 1일 후 | 1주 후 | 1달 후
학습 | 학습 | 학습 | 학습

학습 | 1일기억 | 1주기억 | 1달기억 | 6개월 이상 기억 ▶
단기기억 | 장기기억

② 꾸준한 가족회의를 통해 학습 피드백을 함께 해주세요

한 주를 시작하기 전, 아이가 스스로 이번 주 자신의 목표를 세울 수 있게 합니다. 요즘 시중에는 초등학생 자기주도 학습을 위한 스케줄러나 공책이 잘 나와 있습니다. 한 주가 시작할 때, 일주일 학습 계획을 세우고, 한 주간 학습과 생활을 잘했는지 아이가 스스로 피드백 하게 해주세요. 아이 혼자 하기보다 부모도 함께 이번 주 중요한 일, 해야 할 일을 계획하고 피드백하다 보면 자연스럽게 가족 문화로 자리 잡을 수 있습니다.

구체적인 팁으로 일요일 저녁은 가족회의 시간으로 정하는 것을 추천합니다. 한 주간 내가 잘했던 것, 반성하고 싶은 것, 가족에게 하고 싶은 것, 이 세 가지를 나눠보는 것만으로도 충분합니다. 일주일 생활 계획 및 학습 계획도 이 때 세울 수 있습니다. 다만, 이 시간이 아이에게 긍정적인 기억으로 남도록 칭찬, 격려, 간식이 함께 하는 즐거운 시간으로 선물해주세요.

가족회의를 추천하는 이유는 첫 번째로 자신의 생각을 논리적으로 말하는 연습을 할 수 있기 때문입니다. 두 번째로 아이가 사춘기에 들어서기 전 가족 간의 소통 창구를 만들 수 있습니다. 그리고 마지막으로 아직 어려서 자신을 잘 돌아보지 못하는 아이들이 가족회의를 통해 자신의 한 주를 돌아보고 피드백하며 자기이해 능력을 키울 수 있습니다.

③ 정리 정돈과 시간 관리 능력을 키워주세요

학교에서는 반의 구성원으로서 생활을 하게 되죠. 교사의 눈으로 봤을 때 교실에서 눈에 띄는 친구들은 자기 자리를 잘 정돈하고, 시간을 잘 지키는 친구들입니다. 특히 고학년이 될수록 아이들의 태도에서 차이가 점점 커집니다. 신기하게도 교실에서 학습 성취가 높은 친구들은 서랍 정리가 잘 되어 있습니다. 이런 친구들은 숙제를 내주면 시간을 잘 관리하며 정해진 시간 내에 제출합니다. 평가가 있을 때는 닥쳐서 하는 게 아니라 미리 계획을 짜고 준비합니다.

정리 정돈 능력, 시간 관리 능력은 어떻게 하면 키울 수 있을까요? 집안일을 함께 하는 것, 정리 정돈을 많이 해보는 것, 스케줄러를 통한 시간 관리 경험, 배움노트와 일기를 통해 자신의 생활을 관리하는 습관이 쌓이면 아이의 성장에 도움이 됩니다. 초등학생에게 정리 정돈 능력과 시간 관리 능력은 큰 무기가 됩니다.

▌ 사교육은 아이가 주도적으로 결정하게 해주세요

초등학생 시기의 사교육은 아이가 다양한 경험을 접할 수 있도록 저학년 시기에는 음악, 미술, 체육 등 신체 활동 중심으로 시키는 것이 좋습니다. 특히 요즘 아이들은 운동량이 적기 때문에 초등 저학년 시기에는 체력을 키울 수 있는 운동을 많이 시키는 것도 추천합니다.

다만, 여기서 중요한 것은 아이에게 주도권이 있어야 한다는 점입니다. 사교육을 하기 전, 아이와 충분히 상의하고 아이가 선택했다면 힘들어도 어느 정도의 기간은 책임감 있게 배워보기로 약속을 하고 시작합니다. 아이가 힘들어한다고 바로 그만두지는 말고 서너 번까지는 아이에게 계속하기를 권유해주세요. 그 이후에도 싫어하면 그만둬도 좋습니다. 배우는 과정에도 아이와 충분히 상의하며 배움의 선택권이 아이에게 있음을 인지시켜주는 것이 좋습니다. 존중받고 있다고 느낄 때 아이는 자신의 선택에 자신감을 가지고 움직일 수 있습니다.

▌ 바쁜 아이는 자기주도 학습을 할 수 없어요

앞서 출결상황을 다룬 파트1에서도 말씀드렸듯이 초등학생 시기의 아이들에게 일정한 생활 패턴은 매우 중요합니다. 아이의 성장을 위해서도 중요하지만 자기주도적인 태도로 좋은 습관을 쌓기 위해서도 반드시 필요합니다. 하지만 아무리 중요하다고 해도 이를 실천할 시간적 여유가 없다면 쉽지 않은 일입니다. 따라서 아이들의 자기주도 학습을 위해서 먼저 아이가 시간적으로 여유가 있어야 합니다.

아이가 학원을 다니느라 너무 바쁘면 학습 시간이나 독서 시간을 확보하기가 어렵습니다. '학습'이란 단어는 배울 학學, 익힐 습習, 즉 배움과 익힘이 함께 이뤄져야 한다는 뜻입니다. 누군가에게 배웠으면 스스로 익히는 시간이 있어야 배움이 자신의 것이 될 수 있기 때문입니다. 요즘 아이들은 학교에서도 배우고, 학원에서 또 배우는 방식으로 바쁘게 학교와 학원을 오가고 있습니다. 하지만 스스로 익히지 못하는 배움은 결국 사라지기 마련입니다. 아이들에게는 반드시 스스로 배움을 정리할 시간이 주어져야 합니다.

아이들의 시간을 뺏는 가장 큰 주범으로 스마트 기기가 있습니다. 스마트 기기를 언제든지 사용할 수 있는 환경은 학습과 독서에 매우 큰 방해가 됩니다. 현대사회에서 스마트 기기 활용 능력은 매우 중요합니다. 하지만 독서를 통해 사고력을 키워야 하는 초등학교 시기에는 스마트 기기 사용을 지양하는 것이 좋습니다. 초등학생이 올바르게 미디어를 활용할 수 있도록 도우려면 어떻게 해야 할까요? 107페

명문대 생기부는 초등부터 시작된다

① 스마트폰보다 노트북, 컴퓨터를 먼저 활용하도록 해주세요.

② 파워포인트, 엑셀, 한글 등 문서 프로그램, 동영상 편집 프로그램, '미리캔버스' 같은 디자인 편집 프로그램 등 컴퓨터에 있는 프로그램 사용법을 알려주고 스스로 사용해보게 해주세요.

③ 미디어(유튜브, 블로그, 인스타그램등)를 소비하는 것보다 생산할 수 있도록 해주세요. 아이가 관심 있는 주제로 미디어를 제작해보도록 지원하는 것이 좋습니다.

④ 스마트폰 사용은 가능한 주말에만 하는 것이 좋습니다. 주말에만 사용하는 것이 어렵다면 저녁 8시 이후 사용은 제한합니다. 시중에서 휴대폰 잠금 장치를 구할 수 있으니 활용해보세요. 단, 부모님의 스마트폰 사용도 함께 제한해야 효과적입니다.

⑤ 콘텐츠를 제한하기 어려운 유튜브보다 넷플릭스, 디즈니 플러스 같은 OTT를 보는 것이 낫습니다.

이지의 팁을 활용해 가정에서 아이의 미디어 사용 교육에 대한 도움을 얻을 수 있습니다.

아이가 독서에 흥미를 보이기 전에 가정은 스마트 기기 사용을 최소화하고 조금은 심심한 곳이 되어야 합니다. 곤충을 키우거나 식물을 키우는 자연 친화적인 곳이 될 수 있게 해주세요. 시간적 여유가 있고 공간적으로도 아이가 집중할 수 있는 환경이 되었다면 타이머로 복습 시간, 독서 시간을 정해두는 게 좋습니다. 매일 일정한 시각에 30분이라도 집중할 시간을 정해 가족들과 함께 책을 읽는 것도 좋습니다.

바른 학습 태도로
세특을 완성한 아이들

사 례

▌ 중학교 상위권 성적이 고등학교에 가서 뚝 떨어진 주영이

주영이는 중학교 시절 내내 성적이 우수한 학생이었습니다. 과목 대부분의 성취도가 A였기 때문에 고등학교에서도 당연히 우수한 성적을 받을 거라고 자신했습니다. 그런데 1학년 1학기 첫 지필평가 결과를 받은 주영이는 큰 충격을 받았습니다. 중학교 때는 표시되지 않았던 석차등급을 보니 본인의 예상과는 전혀 달랐기 때문입니다.

중학교는 절대 평가이기 때문에 선생님들이 문항을 쉽게 출제하는 경향이 있습니다. 하지만 고등학교는 상대 평가입니다. 등수가 촘촘하게 나눠져야 등급이 갈리기 때문에 시험 난이도가 크게 상승합니다. 중학교에서는 등수를 알려주지 않기 때문에 한 과목에서 A등급을 몇 명이나 받는지 알 수 없습니다. 게다가 다음 사례에서 살펴보겠지만 지필평가와 수행평가를 합산한 점수로 평가되기 때문에 지필평가 성적이 크게 높지 않아도 충분히 높은 등급을 받을 수 있습니다. 같은 A 등급이라고 해도 그 안에 다양한 성적의 학생이 있다는 뜻입니다. 중학교에서는 성취도가 A등급이어도 지필평가에서 만점을 받는 학생은 드뭅니다.

중학생 때 주영이는 친구들의 부러움을 사는 학생이었습니다. 성적이 높지만 학습량이 많지 않고 수업 태도도 그다지 진지하지 않아 친구들은 주영이의 머리가 좋다고 생각했습니다. 그러나 친구들은 주영이의 지필평가 성적을 정확히 알지 못했습니다. 주영이의 과목 성취도는 A였지만 지필평가 점수는 90점에 미치지 못했습니다. 문제는 친구들과 마찬가지로 주영이 본인도 자신의 성적을 객관적으로 보지 못했다는 점이었습니다.

학습을 하면서 가장 중요한 건 자신의 수준을 파악하고 부족한 점을 메꿔나가기 위해 노력하는 태도입니다. 하지만 생각보다 주영이처럼 자신의 성적을 객관적으로 보지 못하는 학생들이 매우 많습니다. 평균보다 낮은 점수를 받는 학생이 선행 학습에 매진하며 현행을 소홀히 하는 것도, 주영이처럼 자신의 성적에 만족하면서 더 나은 결과를 받기 위한 노력을 하지 않는 것도 실력 향상에는 도움이 되지 않습니다.

중학교에서 A등급을 받지 못한다면 선행 학습이 아닌 현행 학습에 집중해야 합니다. A등급이 나오는 학생이더라도 지필평가나 수행평가에서 부족한 점을 확인하고 어떤 부분을 보충해야 할지 점검해야 합니다. 지필평가 점수를 바탕으로 자신의 위치를 파악하고 앞으로의 학습 계획을 세워야 학년이 올라갈수록 성적이 상승 곡선을 그릴 수 있습니다.

지필평가 점수는 자신의 실력을 객관적으로 알려주는 지표입니다.

▎지필평가 성적은 높지만 수행평가를 챙기지 못했던 현서

중학교 2학년인 현서는 영어와 수학 성적에 비해 다른 과목의 성적이 무척 낮은 학생이었습니다. 학교에서는 늘 바쁘게 학원 숙제를 했고, 심지어 다음 시간에 수행평가가 있는데도 전혀 상관없는 학원 숙제를 했습니다. 현서는 학원에서 짜주는 스케줄에 맞춰 공부했습니다. 항상 영어와 수학 선행 학습을 하느라 시간에 쫓겼고 수업 시간에는 집중을 하지 못했습니다. 현서의 부모님은 시간이 지나면 선행 학습의 효과가 빛을 발하며 나머지 과목의 성적도 올라가리라 믿었습니다. 하지만 시간이 지나도 한번 굳어진 현서의 수업 태도는 변하지 않았습니다.

학부모 상담을 하다 보면 의외로 수행평가의 중요성을 잘 모르는 학부모가 많습니다. 초등학교 때도 수행평가는 있었고 대부분 '잘함'이나 '매우 잘함' 등급을 받았기 때문에 중학교나 고등학교에서도 점수 배점이 크지 않다고 생각하는 것이죠. 하지만 수행평가는 지필평가만큼이나 중요합니다. 수행평가의 중요성을 알아보기 위해 현서와

수행평가와 지필평가를 합산한 점수 계산법 예시

구분	수행 평가 영역1	수행 평가 영역2	수행 평가 영역3	1차 지필 평가	2차 지필 평가
반영 비율(%)	20	20	10	25	25
영역별 만점	100	100	100	100	100
서진이 점수	100	90	100	82	85
현서 점수	70	70	60	90	90

는 달리 수행평가도 놓치지 않고 관리한 서진이와 현서의 환산 점수를 비교해보겠습니다. 위 표에 있는 서진이와 현서의 점수를 보면 누구의 환산 점수가 더 높을 것 같나요? 한번 계산해보겠습니다.

· 서진이의 환산 점수

$(100 \times 0.2) + (90 \times 0.2) + (100 \times 0.1) + (82 \times 0.25) + (85 \times 0.25) = 89.75$

· 현서의 환산 점수

$(70 \times 0.2) + (70 \times 0.2) + (60 \times 0.1) + (90 \times 0.25) + (90 \times 0.25) = 79$

현서는 서진이보다 지필평가를 잘 봤지만, 수행평가 점수 때문에 환산점수가 10점 넘게 차이가 났습니다. 심지어 성취도를 비교한다면 서진이는 A이고 현서는 C가 됩니다.

모든 과목이 한 학기에 두세 가지 영역의 수행평가로 학생들을 평가합니다. 지필평가 기간을 피해 수행평가를 해야 하다 보니 일주일

동안 대여섯 개, 혹은 하루에 두세 개의 수행평가를 하는 경우도 생깁니다. 그렇다 보니 수행평가는 선행 학습을 한다고 해서, 사교육으로 준비한다고 잘할 수 있는 것이 아닙니다. 누군가 하나하나 준비시켜 주기에는 횟수가 너무 많기 때문이죠. 따라서 수행평가를 잘하기 위해서는 자기주도적인 학습 태도가 매우 중요합니다.

게다가 수행평가 점수가 낮은 학생들은 과세특 역시 좋을 수가 없습니다. 과세특은 수업 시간 중 학생의 수업 태도에 대한 교사의 관찰을 토대로 기록하는 게 기본 방침입니다. 이때 기초 자료로 삼을 수 있는 근거 중 하나가 바로 수행평가로 제출한 결과물입니다. 대학 입시를 앞두고 있는 고등학생들조차 진로와 관련 있는 선택과목을 수강하면서 수행평가를 소홀히 해 쉽게 챙길 수 있는 과세특을 놓쳐 입시에 지장을 주는 일들이 생기기도 합니다.

수행평가를 놓치면, 성적과 과세특을 동시에 놓치게 됩니다.

▌남다른 학구열로 특별한 과세특을 완성한 민제

평소 조용하던 민제가 눈에 띄는 학생이 된 것은 발표 과제를 통해서였습니다. 교과서에 제시된 지문의 내용을 요약하고 이에 대한 자신의 견해를 프레젠테이션을 통해 발표하는 과제였습니다. 자신의 발표 차례가 되었을 때 민제는 뇌과학에 대한 자료를 단번에 시각적

명문대 생기부는 초등부터 시작된다

으로 이해할 수 있도록 도식을 만들어 프레젠테이션으로 띄워놓았습니다. 그뿐 아니라 프레젠테이션 내용과 추가 해석을 담은 인쇄물을 제작해 수업을 함께 듣는 친구들에게 배부했습니다. 민제의 설명은 간결하면서도 발표를 듣는 친구들 전체를 이해시키기에 부족함이 없었습니다. 뇌과학에 전혀 관심이 없는 친구들조차 민제의 발표에 관심을 가지며 질문을 던졌습니다. 민제가 추가적으로 소개한 참고문헌들도 다 읽고 소화했다는 게 느껴졌습니다. 그날 수업의 주인공은 분명 민제였습니다.

사실 민제는 학교 내신 등급으로 따지면 중상위권에 속하는 학생이었습니다. 국어, 수학, 영어와 같은 주요 과목에서는 노력만큼 성적이 나오지 않았지만 그럼에도 불구하고 민제는 수업 시간에 졸거나 집중력이 흐트러지는 모습을 보인 적이 없었습니다. 교과서에는 수업 시간에 들은 선생님의 설명이 구어체 그대로 빼곡하게 적혀 있을 만큼 민제는 노력하는 학생이었습니다.

민제의 학구열, 성실성, 탐구력은 1년간 이뤄지는 네 번의 정기고사로는 결코 설명할 수 없는 것들이었습니다. 숫자로 적힌 지필평가 점수 뒤에 숨겨진 민제의 노력은 구체적으로 세특에 적혔습니다. 특히 자신이 이해한 개념을 친구의 수준에 맞춰 설명하는 모습, 학습에 대한 열의, 모둠활동 중에도 학습 내용을 이해하기 위한 다양한 질문과 아이디어를 제시하는 점 등이 주도적이고 창의적인 학습 태도를 가진 학생으로 인식할 수 있게 해줬습니다. 민제는 학종으로 원하는 대학, 원하는 학과에 대입 원서를 썼고 최종 합격했습니다.

대한민국 고등학생들은 학교생활 외에도 추가적으로 해야 하는 공부와 활동들로 잠자는 시간까지 쪼개가며 하루를 보냅니다. 매일매일 이뤄지는 학교 수업에서 가끔은 성실이라는 단어를 모른 척 넘어가고 싶은 날도 있겠지만, 그럼에도 그 어려운 걸 해내는 학생들이 있습니다.

교사들은 하루에도 몇십 명, 많게는 몇백 명의 학생들을 수업에서 만납니다. 그런데도 동일한 학생이 교사들의 눈을 사로잡는 건 제법 신기한 일입니다. 그건 그 학생이 본래부터 가진 특별한 능력 때문일 수도 있지만, 그보다 그 학생이 보여주는 노력이 눈에 띄게 빛나기 때문일 것입니다.

가끔 성적에 절망하면서도, 끊임없이 자기를 조절하고 관심 분야를 파고드는 노력을 통해 학생은 성장합니다. 그 모습을 교사가 확인했을 때, 그 노력은 '과세특'에 기재됩니다. 생기부가 10페이지일지, 20페이지일지를 결정하는 건 학생의 태도에 달려 있습니다. 그것은 문제를 하나 더 맞추는 것과는 차원이 다른 결실입니다.

성실성, 지적 호기심, 자발성이 특별한 과세특을 만들어줍니다.

▌시험도, 수행평가도, 과세특도 완벽했던 하리

하리는 고등학교 입학 때부터 전교생의 주목을 받았던 학생입니다. 중학교 때 성적이 우수했기에 자사고나 특목고 진학을 권유받기도 했지만, 하리와 하리의 부모님은 의외의 결정을 내렸습니다. 바로 일반고에 진학한 것입니다.

교실에서의 하리는 생각보다 평범해 보였습니다. 의대 진학을 희망하고 있어 내신에서 높은 등급을 받겠다는 목표가 뚜렷했을 텐데 성적 스트레스를 받으며 공부하는 모습이 아니었습니다. 학교생활에도 매우 충실했습니다. 수업 시간에는 집중해서 선생님의 설명을 듣고, 쉬는 시간에는 반 친구들과 수다를 떨며 휴식을 취했습니다. 방과 후에는 상위권 학생들을 위한 학교 프로그램에서 자신에게 부족한 과목을 보충하고, 저녁에 이뤄지는 자율학습에도 참여했습니다.

하리를 꾸준히 보아온 사람들만이 알 수 있는 하리의 특별한 점은 바로 이 과정을 수능을 보기 전까지 3년간 성실하게 반복했다는 점입니다. 아침 등교 시간 8시 20분부터 7교시가 끝나는 5시까지 그리고 이후 밤 10시까지 특별한 일이 없는 한 하리는 변함없이 책상에 앉아 자기만의 공부를 해나갔습니다.

그리고 하리는 자투리 시간을 잘 활용했습니다. 보통의 학생들은 시험이 끝나면 일주일 혹은 그 이상 다음 시험 기간 전까지 여유를 부립니다. 하지만 하리는 시험 기간이 끝나면 하루 정도 쉬었다가 다시 공부하는 흐름으로 돌아왔습니다. 수행평가 기간에도 마찬가지였습니다. 과제에 걸리는 시간을 미리 판단하고 관련된 정보를 여유 시간에 수집해두었다가, 정해진 기한 내에 빠르게 완료했습니다.

모든 수행평가에는 학생들이 해당 평가를 통해 얻기를 바라는 교육적 목표가 있습니다. 발표, 글쓰기 등 어떤 과제든지 하리는 그 의도를 금새 파악했습니다. 만약 판단이 어렵다면 교사에게 자신이 이해한 바가 맞는지 조언을 구했습니다. 그렇게 수행평가에서도 하리는 당연히 좋은 결과를 얻었고 이 부분들은 과세특으로 연결됐습니다.

하리가 항상 높은 성적을 유지했던 것은 아닙니다. 1학년 때와 달리 2학년 때는 상대적으로 위축된 모습을 보이기도 했습니다. 학년이 올라가면서 성적에 욕심을 내는 학생들은 더 늘어나기 마련입니다. 선택과목이 늘어나면서 수학과 과학처럼 특정 과목을 잘하는 친구들 사이에서 경쟁해야 한다는 부담도 있었을 테죠. 따라서 1학년 때만큼의 공부 양으로는 성적 유지가 어려웠던 셈입니다. 이때 하리는 공부에 더욱 시간을 투자했고 결국 3학년 때는 전교 1등으로 내신 1등급을 받았습니다.

일반고에서도 꾸준히 배출되는 의대 합격생을 지켜보면 공통점이 있습니다. 언제 어디에서도 성실히 제 역할을 해내리라는 믿음을 주는 학생들이라는 점입니다. 주변 환경에 흔들리지 않고 꾸준히 자신의 길을 걸어갔던 이 '항상성'이 지필평가와 수행평가 모두를 사로잡은 하리의 비밀이었던 것입니다.

지필평가, 수행평가 그리고 세특까지 완벽한 학생의 비밀은 '항상성'입니다.

▌친구들에게 일타강사로 통했던 준선이

중학교 3학년이었던 준선이 주변에는 시험 기간 무렵에 친구들이 옹기종기 모여 있곤 했습니다. 준선이에게 시험에 출제되는 핵심 개념을 배워 성적이 올라간 친구들의 입소문 때문이었습니다. 친구들은 어려운 과학 개념도 준선이의 설명을 듣고 나면 쉽게 이해가 된다며 일타강사보다 낫다는 칭찬을 했습니다.

영재학교 진학을 희망하던 준선이는 학원을 다니기는 했지만 영재학교를 준비하는 친구들이 가는 학원을 다니지는 않았고, 학급의 다른 상위권 학생들과 비교하면 선행 학습의 진도 역시 빠른 편이 아니었습니다. 그렇지만 준선이는 수업 시간에 가장 비범한 학생이었습니다. 준선이의 머릿속에는 학년별, 과목별 교과서가 완벽하게 정리돼 있었습니다. 수업 시간에 새로운 개념을 설명하며 이전에 비슷한 개념을 배운 적이 있는지 물어보면 준선이는 이전 학년에서 혹은 초등학교에서 배운 개념을 정확하게 기억하고 있었습니다. 심지어 몇 학년 때 어떤 단원에서 배웠는지 말할 수 있을 정도였습니다. 준선이는 교과서의 핵심 개념을 완벽하게 이해하는 방식으로 공부하면서 교육 과정을 저절로 이해하게 된 것이었습니다.

현재 우리나라의 교육 과정은 2022 개정 교육 과정입니다. 어떤 이름이 붙든 교육 과정의 핵심은 간단합니다. 교육 과정이란 학교에서 언제, 무엇을, 어떻게, 배워야 하는지 국가에서 정해준 기준입니다. 그러니 그것에 기반해 교과서가 구성되었고, 당연히 평가 역시 교육 과정 내에서만 이뤄져야 합니다. 대학수학능력시험도 교육 과정을 벗어날 수는 없습니다.

여기서 중요한 것은 교육 과정이 초등학교부터 고등학교까지 연결된다는 사실입니다. 준선이가 머리가 좋은 학생이라 말할 수 있던 것은 초등학교부터 이어진 교육 과정의 흐름을 교과별로 연결할 수 있는 학생이었기 때문입니다. 영재학교나 과학고를 준비하는 학생들을 많이 만났지만 준선이처럼 교과서 기본 개념을 정확하게 설명하면서 이전에 학습한 관련 개념까지 유기적으로 연결해 설명할 수 있는 학생은 매우 드물었습니다. 수업 시간에 보여준 준선이의 능력은 과세특으로 기록되었고, 영재학교 추천서를 적을 때에도 준선이의 비범함을 보여주는 사례로 활용됐습니다.

결국 준선이는 치열한 경쟁을 뚫고 영재학교에 합격했습니다. 시험 기간마다 준선이를 둘러싸고 있던 친구들은 준선이의 합격 소식을 듣고 준선이만큼 기뻐했습니다.

선행 학습보다 중요한 건 교과서의 핵심 개념을 정확하게 이해하는 것입니다. 내신 시험도, 수능도 교육 과정을 토대로 출제되기 때문입니다.

2028학년도부터 달라지는
대입제도

2028학년도를 기점으로 대학수학능력시험이 바뀌고, 고등학교 내신 등급은 당장 2025학년도부터 5등급제가 적용됩니다. 대입제도가 변한다는 뜻은 대한민국 교육의 큰 틀이 달라진다는 뜻이고, 이는 결국 초등 공부의 방향도 달라져야 한다는 것을 의미합니다. 대입제도의 커다란 변화를 살펴보고 초등학생은 지금부터 어떤 준비를 해야 하는지도 함께 알아보겠습니다.

① 고교 내신 성적을 나누는 등급이 9등급에서 5등급으로 바뀝니다

과거 상위 4퍼센트가 1등급, 4퍼센트 초과 11퍼센트 이하가 2등급이었던 9등급제에 비해 앞으로 바뀌는 5등급제에서는 1등급은 10퍼센트 이하, 2등급은 10퍼센트 초과 34퍼센트 이하로 그 비율이 늘어납니다.

내신 5등급제 비율

1등급	10%이하
2등급	10%초과 34%이하
3등급	34%초과 66%이하
4등급	66%초과 90%이하
5등급	90%초과

출처: <2028학년도 대학 입시제도 개편안>

5등급제가 되면 내신 변별력이 줄어들기 때문에 대학에서 교과 성적으로 학생을 선발하는 학생부 교과전형이 축소될 것이라고 예상하는 전문가가 많습니다. 그렇지만 수시가 축소된다는 뜻은 아닙니다. 오히려 고려대, 성균관대, 경희대, 건국대, 경북대, 부산대 등의 대학에서는 교과에서도 학생부 정성 평가를 도입하고 있습니다. 생기부의 중요성이 더 커지는 것입니다.

② 대학수학능력시험에서 선택과목이 없어집니다

이전에는 국어와 수학, 사회탐구와 과학탐구에 각각 선택과목을 두었다면 개편안에서는 모두 공통과목을 응시하게 됩니다. 특히 수학의 경우 심화 수학이라고 할 수 있는 미적분II와 기하가 수능에서 제외되기 때문에 과도한 선행 학습에 치중하는 것보다 기본 개념을 탄탄하게 다지고 심화시켜 사고하는 현행 학습이 더욱 중요해졌습니다. 또한 사회와 과학 모두를 응시해야 하기 때문에 초등학교 3학년부터 배우게 되는 사회와 과학 교과서의 기초 개념을 제대로 학습하고 있는지 확인할 필요가 있습니다.

영역		2028 수능 개편안
국어		공통(화법과 언어, 독서와 작문, 문학)
수학		공통(대수, 미적분I, 확률과 통계)
영어		공통(영어I, 영어II)
한국사		공통(한국사)
탐구	사회·과학	공통(통합사회), 공통(통합과학)
	직업	공통(성공적인 직업생활)
한문/제2외국어		9과목 중 택1

출처 : 〈2028학년도 대학 입시제도 개편안〉

독서활동상황,
생기부의 나침반

독서활동은 학생의 탐구 능력을 가늠하는 지표입니다

독서활동상황 영역의 입시 반영 여부 및 반영 방법

고입(일반고)	고입(특목고)	대입(학종)	대입(정시)
반영 안 함	생기부 내용 제공	반영 안 함	

대입 공정성 강화 방안으로 2024학년도 대입부터는 생기부 비교과 영역 반영이 축소되었습니다. '봉사활동실적', '수상 경력', '독서활동 상황' 등의 항목이 평가에 반영되지 않습니다. 하지만 대입에 반영되지 않는다고 해서 독서의 중요성이 사라진 것은 아닙니다. 오히려 독서활동이 과세특이나 진로희망, 창의적 체험활동 등에 간접적으로 기록되며 정교하게 진화하고 있습니다. 기록되는 방식만 바뀌었을 뿐 독서활동은 여전히 중요한 것이죠.

독서활동은 학생이 지원하는 전공 분야에 대한 지식의 깊이와 넓이를 보여주며, 생기부에 기록된 다양한 활동의 근거로 활용됩니다. 특히 교과에서 생긴 궁금증을 독서를 통해 해결하게 되면 자기주도적인 탐구 능력, 후속 활동의 계획 및 실천 측면에서 높은 평가를 받을 수 있습니다.

대입에서는 독서를 통해 자신의 진로나 전공 분야에 대한 심화 배경지식을 습득해나가는 모습을 보여주는 것이 중요합니다. 생기부 반영 항목이 축소되면서 상대적으로 중요해진 각종 특기사항에 독서 활동을 활용한다면 돋보이는 생기부를 만들 수 있습니다.

독서활동으로 돋보이는 과세특 예시

… 개념과 성질을 명확히 이해하고 학습과제 해결 전략을 찾아서 적극적으로 교류하는 모습으로 모범이 됨. 과거에는 도형을 어떻게 이용했는지 궁금증을 가지고 '수학은 어떻게 예술이 되었는가'를 읽음. 책을 통해 과거에는 여러 가지 항등식을 만들어서 대수적 연산에 활용했음을 인식함. 이를 주제로 다양한 모양의 작은 직육면체를 만들고, 이를 조합해 만든 큰 직육면체의 부피를 구하는 활동을 함. 모둠원끼리 다항식 전개 과정과 연계해 토론하며 활동 과정을 보고서에 작성함. 이를 통해 곱셈 공식 유도 과정을 확인하고, 인수분해가 다항식의 전개 과정의 역과정임을 이해함. …

독서활동으로 돋보이는 창체(자율) 특기사항 예시

… '쓰레기책'(이동학)을 읽고 난 후 재활용 쓰레기마저 제대로 처리되지 않는 것에 심각성을 깨닫고, 쓰레기가 개인의 문제가 아니라 후손과 지구 미래의 문제임을 알아야 한다는 소감을 적극적으로 나눔. 교실 내 재활용 쓰레기 분리수거 방법의 문제점을 파악하고, 새로운 분리수거 방법을 제시해 친구들에게 긍정적인 평가를 받음. 이를 계기로 교내 곳곳에 포스터를 게시해 쓰레기 분리수거 방법과 불필요한 소비를 줄여 제로 웨이스트를 실천하자는 메시지를 효과적으로 전달함. …

대입에서는 독서활동 항목이 평가에 직접 반영되지 않지만 고등학교 입시에서는 다릅니다. 특목고나 자사고 입시에 제공되는 생기부에는 학년별(학기별), 과목별로 어떤 책을 읽었는지 기록되는 '독서활동상황'이 그대로 제공되고, 면접 때 책에 대한 질문을 하거나 자기소개서에 적힌 독서와 관련된 문항을 물어보기도 합니다.

그러나 단순히 생기부에 책을 많이 기록한다고 해서 반드시 좋은 것은 아닙니다. 면접이나 자기소개서에서 독서와 관련된 질문을 하는 이유는 책을 단순히 읽기만 한 것이 아니라 독서를 통해 자신의 경험과 지식을 확장하고 학습 방향을 제대로 설정하고 있는지 확인하기 위해서입니다. 따라서 보여주기식 독서활동은 큰 의미가 없습니다. 독서를 통해 배움을 확장하고 학습의 방향성을 설정하는 경험이 중요합니다. 과학고 입시를 준비하는 학생이라고 해서 수학, 과학과 관련된 책만 집중적으로 읽을 필요는 없습니다. 예를 들어 문학 분야의 책으로는 내적 성장을, 과학 분야의 책으로는 진로에 대한 열정을, 인문 분야의 책을 통해서는 통합된 지식 탐구력을 보여줄 수 있습니다. 125페이지 표는 과학고 지원자의 독서활동상황 사례입니다. 고등학교 생기부의 독서활동 상황도 중학교와 동일한 형식으로 기록 됩니다.

과학고 지원자의 중학교 생기부 독서활동상황 예시

학년	과목 또는 영역	독서활동 상황
1	국어	(1학기) 순례 주택(유은실)
		(2학기) 내가 그린 히말라야시다 그림(성석제)
	수학	(1학기) 적분이 콩나물 사는 데 무슨 도움이 돼?(쏨쌤 외)
	과학	(1학기) 왜요, 기후가 어떤데요?(최원형)
		(2학기) 생명이 있는 것은 다 아름답다(최재천)
	영어	(2학기) The Giver(Lois Lowry)
2	국어	(1학기) 동물농장(조지 오웰), 구미호 식당(박현숙)
		(2학기) 페인트(이희영)
	수학	(2학기) 이상한 수학책(벤 올린)
	과학	(1학기) 정재승의 과학콘서트(정재승)
	공통	(1학기) 책은 도끼다(박웅현)
3	국어	(1학기) 칼자국(김애란)
	수학	(1학기) 수학 교과서 개념 읽기(김리나)
	과학	(2학기) 모든 순간의 물리학(카를로 로벨리)
	영어	(1학기) Matilda(Roald Dahl)
	공통	(2학기) 행운이 너에게 다가오는 중(이꽃님)

초등 저학년,
독서 습관을 잡을 황금기예요

아마 대다수 부모가 중학생이 되어서도 아이 손에 스마트폰 대신 책이 쥐어져 있기를 바랄 것입니다. 이번 파트에서는 우리 아이를 책 읽는 중고등학생으로 키우기 위해 초등 저학년부터 고학년까지 독서 단계를 차근차근 높여가는 방법을 소개합니다. 초등 저학년 아이들은 시간적인 여유도 있고, 재미있게 읽을 수 있는 책도 참 많습니다. 무엇보다 아이들의 독서에 대한 부모님의 관심이 최고로 높을 때이죠. 이때가 바로 아이들의 독서 황금기입니다. 이 시기 아이들의 독서 목적은 '독서 습관 잡기'입니다. 초등 저학년 시기에 독서 습관을 잡기 위한 세 가지 방법을 함께 살펴봅시다. 그 전에 독서의 중요성을 알고는 있지만 어떻게 시작해야 할지 막막한 부모를 위한 체크리스트를 확인하며 현재 우리 아이 독서 환경을 점검해보세요.

우리 아이 독서 환경 체크리스트

☐ 부모님이 아이에게 책을 읽어주나요?

☐ 책을 읽으라고 하면 혼자서 책을 펼치나요?

☐ 자유로운 분위기에서 편안한 자세로 책을 읽나요?

☐ 아이가 스스로 책을 읽을 때 칭찬해주나요?

☐ 우리 가정만의 책 읽는 문화가 있나요?

☐ 서점이나 도서관에 가면 읽고 싶은 책을 스스로 고르나요?

☐ 가방에 책을 한 권 정도 넣고 다니나요?

☐ 아이가 책을 읽을 때 부모님도 함께 책을 읽나요?

▌책에 대한 긍정적인 경험이 중요해요

무엇이든 습관이 되려면 일단 그 일을 했을 때 기분이 좋아야 자꾸 하고 싶어집니다. 다음 독서가 기대되어야만 아이들이 꾸준히 책을 읽게 되는 것이죠. 잠들기 전에 엄마가 읽어주는 잠자리 독서가 책에 대한 대표적인 긍정적인 경험입니다. 세상에서 가장 사랑하는 엄마의 온기를 느끼며 엄마의 목소리로 듣는 재미있는 이야기라니. 얼마나 행복할까요. 도서관에서 책을 빌려 나올 때마다 꽈배기를 사서 먹으면 도서관과 고소한 꽈배기가 연결되어 도서관은 늘 가고 싶어지는 곳이 될 수 있습니다. 행복한 기분도 좋고, 맛있는 음식도 좋습니다. 책과 도서관이 긍정적인 경험과 연결되면 금세 습관으로 만들 수 있습니다. 이는 교육심리학에서 실제 적용하는 방법이기도 합니다.

▌독서 루틴을 만들어주세요

루틴이라고 해서 거창한 것은 아닙니다. 밥 먹기 전에 책 한 권 읽기, 자기 전에 책 두 권 읽기, 일주일에 한 권은 엄마랑 함께 읽기 정도면 됩니다. '매일 잠자기 전 책 세 권 읽기'를 루틴으로 정한다면 때로는 한 권만 읽다 잠들기도 하고, 못 읽는 날도 있겠죠. 중요한 것은 얼마나 많이 읽었는지가 아니라 '매일' 읽는다는 사실입니다. 하루하루가 쌓여 우리 가정만의 책 읽는 문화가 되고 꾸준함이 작은 격차를 만들기 시작합니다. 오늘 읽는 책 한 권이 그 역할을 할 수 있습니다.

▌스스로 책 고를 기회를 주세요

초등학생이 되고 나서부터는 책장에 꽂혀 있는 책이나 엄마가 주는 책만 읽지 않습니다. 아이가 직접 고른 책은 아이에게 '내가 골라서 읽은 특별한 책'이 됩니다. 만화책만 고를 때는 '다른 책도 한 권 고르기' 정도의 약속을 하면 충분히 절충할 수 있습니다. "오늘은 과학 분야에서 골라보자"처럼 오늘 고를 책의 주제를 정해줘도 좋습니다. 스스로 책을 골라 읽어봐야 "표지가 재미있어 보여서 골랐는데 별로였어요", "만화책이라고 다 재미있지는 않네요" 같이 책을 고르는 데에 있어 실패도 직접 경험해볼 수 있습니다. 또 "이 작가 책은 다 재미있는 것 같아요", "이런 그림체가 마음에 들어요" 등 아이 나름의 독서 취향이 생기기도 합니다.

초등 저학년에게 적당한 독서 자료는 그림책과 문고책입니다. 독서 수준은 초등 1학년부터 그림책을 중심으로 글밥을 조금씩 늘려나가는 정도면 적당합니다. 그림책은 유아들이 읽는 책이라는 편견을 깨주세요. 그림책은 글과 그림이 상호 작용하는 하나의 예술 작품입니다. 그림책의 그림은 판화, 수묵화, 유화, 수채화, 콜라주, 컴퓨터그래픽 등 다양한 기법과 재료를 활용해 그려집니다. 그림과 함께 짧은 글 속에 명확한 주제를 담고 있으며, 상상력을 발휘할 수 있는 내용을 담고 있는 경우가 많습니다. 사고의 유연성을 위해서도 아이들은 많은 그림책을 읽는 것이 좋습니다. 초등 교과서에도 100종이 넘는 그림책이 수록되어 있고, 학교 현장에서는 수업 자료로 그림책이 활용되고 있습니다. 그림책은 초등시기 내내 놓지 않고 읽으면 좋은 독서 자료입니다.

그림책을 혼자서 읽고, 이해할 수 있는 수준의 학생들에게 권하는 다음 단계의 독서 자료로는 100페이지 내외의 문고책이 있습니다. 글양이 많지 않아 얇고, 판형도 작아 부담 없이 읽기 좋습니다. 흥미진진한 내용에 아이들의 눈길을 사로잡는 매력적인 그림은 덤입니다. 문고책은 대부분 시리즈로 나오기 때문에 한 번에 구입하기보다는 아이 취향의 책을 골라 읽히는 것이 좋습니다. 또 문고책은 저학년 문고-중학년 문고로 나뉘기 때문에 아이의 수준에 맞는 책을 고르기 쉽습니다. 130페이지의 표는 저학년 아이들이 읽기 좋은 문고책 시리즈 추천 목록입니다. 아이들과 함께 살펴보며 하나씩 골라 읽혀보세요.

초등 저학년 문고책 추천 목록

책 제목/시리즈명	출판사	책 제목/시리즈명	출판사
웃는 코끼리 시리즈	사계절	이사도라 문 시리즈	을파소 (21세기북스)
첫 읽기책 시리즈	창비	초승달문고 시리즈	문학동네
고양이 해결사 깜냥 시리즈	창비	난 책 읽기가 좋아 시리즈	비룡소
똥볶이 할멈 시리즈	슈크림북	내 멋대로 뽑기 시리즈	주니어김영사
낭만 강아지 봉봉 시리즈	다산어린이	네버랜드 옛이야기 그림책 시리즈	시공주니어
그림 동화 시리즈	비룡소	사계절 저학년 문고 은지와 호찬이 시리즈	사계절
학교종이 땡땡땡 시리즈	천개의바람	만복이네 떡집 시리즈	비룡소
함께하는 이야기 시리즈	마음이음	문지아이들 시리즈	문학과지성사
술술이 책방 시리즈	그레이트북스 (단행)	사라진 날 시리즈	한솔수북
노란잠수함 시리즈	위즈덤하우스	책 먹는 여우 시리즈	주니어김영사
시공주니어 문고 (레벨1) 시리즈	시공주니어	국시꼬랭이 동네 시리즈	사파리
저학년은 책이 좋아	잇츠북어린이	네버랜드 꾸러기문고 시리즈	시공주니어
병만이와 동만이 그리고 만만이	보리	삼백이의 칠일장 시리즈	문학동네

명문대 생기부는 초등부터 시작된다

초등 중고학년,
독서로 지식을 확장해요

학년이 올라갈수록 해야 할 것들은 많아지고, 독서는 자꾸 뒷전으로 밀려납니다. 이 시기는 아이들의 사춘기가 시작되는 때이기도 합니다. 아이들이 손에서 책을 놓기 시작하자 애가 타는 부모님들은 "책 한 권 읽으면 게임 30분 하게 해줄게" 같은 보상을 제시하기도 합니다. 하지만 독서가 습관이 되려면 책을 읽는 것이 당연하고 자연스러운 일이어야 합니다. 독서에 보상을 하기 시작하면 보상을 위해 책을 읽게 되어 습관을 유지하기 어려워집니다. 이 시기 아이들의 독서 목적은 '독서에 재미 잃지 않기'입니다. 보상 없이 독서를 즐거운 경험으로 확장하는 방법과 독서 레벨을 높이는 방법을 살펴봅시다.

▌ 독서 습관 유지를 위한 강력한 동기는 '재미'입니다

　재미있는 책에는 스스로 책을 찾고, 읽게 만드는 마법 같은 힘이 있습니다. 그리고 그 힘은 어떤 보상보다 강력합니다. 혹시 아이가 책에서 점점 멀어지고 있나요? 그렇다면 이렇게 생각해주세요. '내 아이는 아직 재미있는 책을 못 만났을 뿐이다'라고요. 재미있는 책만 만난다면 손에서 책을 놓은 아이도 언제든 책으로 다시 돌아갈 수 있습니다. 아이가 재미있는 책을 읽었다고 말하는 순간을 놓치지 마세요. 아이의 흥미를 유발한 책 한 권은 다음 책의 마중물이 되어줄 것입니다.

　재미있는 책을 찾기 위해 도서관에 가보면 어린이 책이 너무 많아서 막막할 수 있습니다. 그럴 때는 '어린이 문학상 수상작'을 찾아보는 것을 추천합니다. 어린이·청소년 책을 출간하는 출판사에서 해마다 공모해 선정한 수상작들은 눈길을 사로잡는 표지와 삽화, 작품성까지 갖추고 있어 믿고 읽을 수 있습니다. 대표적인 문학상은 〈문학동네 어린이문학상〉, 〈비룡소 스토리킹〉, 〈사계절 어린이문학상〉 〈황금도깨비상〉, 〈웅진주니어 문학상〉, 〈창비 좋은어린이책〉, 〈뉴베리상〉 등이 있습니다. '어린이 문학상 수상작'은 교보문고, 알라딘, 예스24 등 인터넷 서점 추천도서 카테고리 하위의 '어린이 문학상 수상작' 항목에서 한눈에 살펴볼 수 있습니다.

▌다른 아이들이 재미있게 읽은 책을 참고해요

요즘 아이들이 어떤 책을 좋아하는지 모를 때는 평소 이용하는 도서관 '대출 베스트' 목록이나, '리틀코리아', '우리집은 도서관' 같은 도서 대여 사이트의 인기도서 목록도 훌륭한 독서 길잡이가 됩니다. 다른 아이들이 재미있게 읽은 책은 우리 아이도 즐겁게 읽을 확률이 높기 때문입니다. 간단히 인터넷 서점의 베스트셀러 목록을 참고해도 좋습니다. 다만, 검색된 책이 유행과 광고 등의 영향을 많이 받았을 수 있어 책의 질까지 보장하지는 않는다는 점을 유의하며 활용하시면 됩니다. 또 학교에서 학년별 권장도서 목록을 제공하기도 하고, 다양한 기관에서 제공하는 추천도서 목록을 온라인을 통해 확인할 수도 있습니다.

권장도서 목록은 '이 시기에는 이런 책을 읽으면 좋구나' 하고 살펴보는 정도로 활용하시면 됩니다. 아이들은 자기 수준보다 낮은 책을 읽기도 하고, 더 높은 책을 읽기도 하면서 독서력을 높이기 때문에 학년별 권장도서 목록에 집착할 필요가 없습니다. 단, 다양한 도서 목록을 활용하며 주의해야 할 점은 책을 도구 삼아 학습과 연결 짓지 않도록 하는 것입니다. 그렇게 되면 아이들은 독서를 학습의 일환으로 생각하며 멀리하게 될지도 모릅니다. 독서를 시간 가는 줄 모르는 재미있는 활동으로 받아들이고, 다음 책을 기대하도록 도와주세요.

▌ 아이의 수준에 맞는 책을 읽도록 도와주세요

아이마다 읽기 능력의 차이가 있기 때문에 이해 수준에 맞춰 책을 읽히면 되지만, 학년별 독서 수준의 가이드라인은 있습니다. 3, 4학년 때는 200페이지 이내 분량의 중학년 문고책을, 5, 6학년 때는 《해리포터》 시리즈와 같은 200~300페이지 정도의 소설책을 읽는 수준까지 끌어올린다면 이상적인 독서 발달이라고 볼 수 있습니다.

초등 3, 4학년에 접어들어면서는 지식책 읽기를 병행하면 좋습니다. 지식책은 역사, 사회, 과학 분야처럼 사실을 바탕으로 한 책입니다. 인물, 사건, 배경이 임의로 설정된 '이야기책'과는 구별됩니다. 중학년에서 고학년으로 갈수록 사용되는 어휘의 수가 늘고, 정의어, 개념어, 추상어가 많아지기 때문에 지식책 읽기가 반드시 필요합니다.

지식책을 읽을 때 처음부터 어려운 책을 읽기보다는 지식 그림책, 학습만화, 도감, 백과사전, 어린이 잡지, 단행본의 순서로 수준을 높여가면 됩니다. 아이들은 지식책을 통해 지적 호기심을 충족하고, 학문 어휘를 습득할 수 있습니다. 학문 어휘를 이해하고 쓸 줄 아는 능력은 교과 성적과도 직결됩니다. 지식책으로 쌓은 문해력을 바탕으로 아이 스스로 궁금한 내용을 찾고, 문제 해결을 위해 필요한 책을 찾아 읽는 때가 올 것입니다. 245페이지 부록에는 중고학년을 위한 이야기책 추천 목록과 주제별, 단계별 지식책 추천 목록이 있으니 참고해주세요.

명문대 생기부는 초등부터 시작된다

▌ 초등 독서 습관 잡기 로드맵

독서 습관을 잡기 위해 초등 시기별로 체크 할 사항을 정리해보겠습니다. 초등 1, 2학년 때는 읽는 책의 권수보다 매일 읽는 것에 초점을 맞춰주세요. 아직은 묵독(소리내지 않고 속으로 읽는 방법)을 자연스럽게 하지 못하는 시기이므로 아이가 원하면 부모님이 읽어주는 것도 좋습니다. 독서 수준은 100페이지 내외의 저학년 문고책을 기준으로 그림책과 동시집도 함께 읽을 수 있도록 합니다.

초등 3, 4학년 때는 200페이지 내외의 중학년 문고책을 읽을 수 있습니다. 묵독을 자연스럽게 할 수 있는 시기이기 때문에 이야기책을 바탕으로 여러 분야의 지식책과 다양한 종류의 글을 읽을 수 있도록 이끌어주세요. 글밥 늘리기에 조급해하기보다는 재미있는 책으로 흥미를 유지하는 것에 초점을 맞추면 됩니다. 좋아하는 작가나 장르, 시리즈를 찾는 것도 좋은 방법입니다.

초등 5, 6학년 때는 장편 동화책은 물론 300페이지 이상의 동화와 청소년 소설, 지식책 등 다양한 자료를 활용한 독서를 통해 독서 수준을 높이는 시기입니다. 매일 읽으면 좋겠지만, 많이 바빠진 아이들의 상황이 여의치 않을 수 있습니다. 작품에 푹 빠져서 몇 시간씩 읽는 몰입 독서를 한다면 응원해주세요.

제대로 읽어야
제대로 공부할 수 있어요

책을 재미있어하고 많이 읽기는 하지만 성적은 기대에 미치지 못하는 학생들이 많습니다. 독서가 학습 능력을 키우는 최고의 방법이라면 당연히 다독하는 학생들의 성적이 높아야 하는데 왜 그렇지 않은 걸까요? 앞서 이야기했듯이 독서와 성적의 상관관계는 '책을 어떻게 읽느냐'의 관점에서 살펴봐야 합니다.

많은 아이가 마지막 페이지를 넘기기만 하면 책을 다 읽은 거라고 착각합니다. 하지만 막상 책의 내용을 물으면 정확히 답하지 못합니다. 이런 아이들은 자신이 읽고 싶은 부분만 골라 읽고 책장을 넘기는 경우가 많습니다. 이야기책에서는 대화 부분만 골라 읽거나, 그림만 보거나, 말풍선 속의 대화만 읽습니다. 비문학 책에서는 모르는 단어가 나오면 의미를 파악하려고 노력하지 않고 넘겨버리기 일쑤입니다. 대충 빠르게 읽는 수박 겉핥기식 독서는 '가짜 독서'입니다.

가짜 독서가 습관이 돼버린 학생들은 교과서를 제대로 읽지 못합니다. 그동안 뜻을 새겨가며, 의미를 이해해가며 책을 자세히 읽어본 적이 없기 때문에 교과서의 개념어와 낯선 어휘를 자신의 것으로 만들 줄 모르는 것이죠. 이야기책에서는 가짜 독서가 통하는 듯했지만 학습에서는 절대 통하지 않습니다. 교과서를 제대로 읽지 못하는데 수업이 재미있을 리 없습니다. 교과 내용이 이해되지 않으면 학생들은 학교 공부로는 부족하다고 느껴 사교육에 의존하게 됩니다. 사교육은 당장 효과를 볼 수는 있어도 '듣는 공부'를 하다 보니 스스로 읽고 이해하는 능력을 키울 기회는 점점 사라집니다.

아이들이 교과서를 제대로 읽고, 문제를 스스로 이해하려면 '진짜 독서'를 해야합니다. 진짜 독서는 정독과 맞닿아 있습니다. 속독으로 여러 권 읽는 것보다 한 권을 읽더라도 제대로 읽는 것이 낫습니다. 책 읽는 힘은 교과서를 읽는 힘과 직결됩니다. 교과서를 읽을 힘이 있다는 것은 자기주도 학습을 할 능력을 갖췄다는 뜻이기도 합니다. 독서가 성적을 보장해주지는 않지만, 제대로 읽을 줄 아는 학생은 뛰어난 성적을 얻을 확률이 높습니다.

학년별 교과서는 해당 연령대에 알맞은 언어 수준으로 만들어졌습니다. 학년이 올라갈수록 어휘의 양은 늘고, 내용은 심화됩니다. 중등에서 고등으로 올라갈수록 스스로 문제를 탐색하고, 읽고, 분석해서 자신의 의견을 써야 하는 과제로 가득합니다. 그러려면 초등부터 제대로 읽는 능력을 갖춰야 합니다. 138페이지의 체크리스트로 아이의 독서 능력을 점검해보세요.

어른들도 책의 내용을 다른 사람에게 전달하라고 하면 쉽지 않습

우리 아이 독서 능력 체크리스트

- ☐ 아이가 **책을 읽은 후에 내용을 말할** 수 있나요?
- ☐ 책을 읽으면서 모르는 단어나 표현을 물어보나요?
- ☐ 책 속에 등장하는 인물들의 감정 변화를 잘 따라가나요?
- ☐ 책 속 등장인물 간의 관계를 파악하고 있나요?
- ☐ 책을 읽은 후 각 장의 핵심 문장이나 단어를 찾을 수 있나요?

니다. 책을 제대로 읽는다는 것은 어른들에게도 생각보다 어려운 일입니다. 그럼 어떻게 해야 제대로 읽는 방법을 아이들에게 알려줄 수 있을까요? 아이들이 정독을 연습할 수 있는 방법을 살펴보도록 하겠습니다.

❚ ① 소리 내어 읽기

'읽기 유창성'이란 멈추지 않고, 의미를 이해하며 읽어나가는 것을 말합니다. 특히 이야기책은 막힘없이 읽어야 재미있게 읽을 수 있습니다. 유창성을 훈련할 수 있는 가장 좋은 방법은 '소리 내어 읽기(음독)'입니다. 처음에는 어색했던 어휘라도 반복해서 소리 내어 읽다 보면 더듬거리지 않고 읽게 됩니다. 책을 읽으면서 단어의 의미를 문맥속에서 유추할 수도 있습니다. 또 올바른 발음으로 읽도록 지도해주면 발표 능력도 높일 수 있고, 문법까지도 일상에서 체화할 수 있다는 장점이 있습니다.

　읽기 독립을 막 시작한 7세부터 초등 저학년까지 아이들이 소리
내어 읽기 활동을 하면 효과가 좋습니다. 처음 소리 내어 읽을 때는
글이 많지 않은 그림책이 적당합니다. 글의 양이 많은 그림책이나 이
야기책은 한 권을 모두 소리 내어 읽기 힘들기 때문에 '한 페이지씩
읽기', '한 문장씩 번갈아 가며 읽기', '한 문단씩 번갈아 가며 읽기'와
같은 방법으로 부모가 함께 읽으며 쉽게 따라할 수 있도록 지도해주
면 됩니다.

▎② 의미 단위로 끊어 읽기

　'의미 단위로 끊어 읽기'는 글의 내용을 이해하는 독해력을 높이는
데에 큰 도움이 됩니다. 교실에서 학생들에게 정해진 분량을 소리 내
어 읽으라고 하면 엉뚱한 곳에서 끊어 읽는 학생들이 굉장히 많습니
다. 음독을 시켜보면 왜 책을 읽었는데도 제대로 이해를 못 하는지 이
유를 알 수 있습니다. 중학생인데도 중요 단어를 빠트리고 읽거나, 한
줄을 통째로 넘어가거나, 줄바꿈 때문에 음절이 떨어져 있는 한 단어
를 끊어 읽어버리기도 합니다. 이렇게 읽으면 글의 의미를 제대로 파
악하지 못할 수밖에 없습니다.

　의미 단위 끊어 읽기를 하면 복잡한 문장 구조도 쉽게 파악할 수
있습니다. 의미를 파악하는 일이 쉬워지면, 책에 대한 집중도도 높아

집니다. 부모가 먼저 끊어 읽는 방법을 보여주거나, 끊어야 하는 지점을 책에 표시해주면 끊어 읽기 능력이 빠르게 좋아집니다. 끊어 읽기를 할 때 또 하나의 장점은 의미를 쉽게 파악할 수 있기 때문에 중심 문장을 쉽게 찾을 수 있다는 점입니다. 중심 문장 찾기 활동은 곧 '요약하기' 활동으로 이어집니다. 따라서 글의 핵심 내용을 파악하기 위해서는 반드시 의미 단위로 끊어 읽는 능력을 키워야 합니다.

141페이지의 표는 초등학교 5학년 사회 교과서의 일부분입니다. 지식과 정보를 전달하기 위해 쓰인 교과서 속 어휘는 일상어가 아니므로 한눈에 의미를 파악하기 어렵습니다. 그동안 많은 글을 읽어온 성인은 자연스럽게 읽을 수 있겠지만, 상대적으로 독서 경험이 부족한 초등 저학년 학생들에게는 익숙하지 않습니다. 다음 글을 아이가 소리내어 읽어보게 해주세요. '/' 부분에서는 짧게 쉬어 읽고, '//' 부분에서는 끊어 읽다 보면 자연스럽게 의미가 파악되고, 중심 문장을 쉽게 찾을 수 있습니다.

▌③ 하루 다섯 개씩 모르는 단어 국어사전으로 찾아보기

글자를 깨치고 스스로 책을 읽기 시작할 때 아이들은 유추와 추론을 통해 스스로 어휘를 학습합니다. 하지만 독서 수준이 높아지고 어휘의 양이 많아질수록 혼자서는 단어의 정확한 뜻을 알기 어렵습니다. 그렇다고 어휘 공부를 따로 하기는 쉽지 않습니다. 그럴 때는 국

명문대 생기부는 초등부터 시작된다

교과서 의미 단위로 끊어 읽기 방법 예시

사람은/ 혼자서는 살 수 없다.// 가족을 이루고,/ 사회를 이루고,/ 국가를 이루어/ 다른 사람들과 함께 살아간다.// 이 과정에서/ 저마다 생각이 다르고/ 원하는 것도 다르기 때문에/ 갈등과 분쟁이 발생한다.// 따라서/ 사람들이 더불어 살아가려면/ 서로 지켜야 할 약속이나/ 규칙이 필요한데,/ 이를/ 사회 규범이라고 한다.// 사람들이/ 사회생활에서 지켜야 할 행동 기준으로서/ 국가가 만든 강제성이 있는 규범을/ 법이라고 한다.// 강제성이 있다는 것은/ 지키지 않았을 때/ 국가로부터 제재를 받는다는 뜻으로,// 사람들이 양심에 따라 자율적으로 지키는/ 도덕과 구별된다.//

법은/ 사회의 변화에 맞지 않거나/ 그 내용이 인권이 침해한다고 판단되면,// 바뀌거나/ 새로 만들어질 수 있다.//

미래엔,《초등5학년 사회》, '2.인권 존중과 정의로운 사회', '3.법의 의미와 역할' 중

유의 사항

① 문장부호에 유의해서 쉬어 읽기
② 의미 단위로 묶어서 끊어 읽기
③ 중심 문장 찾기
④ 중심 문장을 바탕으로 내용 요약하기

어사전을 활용하면 좋습니다. 책에서든, 일상에서든 모르는 단어를 국어사전에서 그때그때 찾아보면서 어휘력을 탄탄하게 만들 수 있습니다. 어휘력이 높아지면 독해력과 문해력이 함께 높아져 제대로 읽을 힘을 가질 수 있습니다.

아이가 처음 사전을 활용할 때는 종이 사전만 사용하게 해주세요. 종이 사전을 사용할 때 얻을 수 있는 장점이 많기 때문입니다. 단어를 찾는 과정에서 한글 문자의 원리를 파악할 수 있고, 유사 단어나, 예문 등 추가 정보를 얻을 수 있으며, 비슷한 음운의 다른 단어까지 학

습할 수 있습니다. 추가로 여러 전자기기에 국어사전 앱을 설치해 언제든지 단어를 찾아볼 수 있는 환경을 만드는 것도 좋습니다.

국어사전으로 어휘력 높이는 활동 예시

① 유의어, 반의어의 뜻 찾아보기
② 문장 속 단어들을 유의어로 대체하기
③ 한자어를 풀어서 정확한 의미 파악하기
④ 찾은 단어로 예문 만들기

▌④ 한 달에 한 권, 아이와 책 대화 나누기

아이가 스스로 책을 찾아 읽기 시작하면 부모는 얼굴에 절로 미소가 지어집니다. 그런데 휙휙 넘어가는 책장 소리를 듣고 있자면 이번에는 아이가 제대로 읽고 있는지 궁금해집니다. '정말 다 읽었을까?', '이해하면서 넘기는 걸까?' 하고요.

아이의 독서 습관이 어느 정도 잡혔다면 식사 중에든, 거실 소파에서든 아이와 책 대화를 나눠보세요. 제대로 읽었는지 확인할 수 있는 것은 물론, 질문과 답을 통해 책을 더욱 깊게 이해할 기회를 가질 수 있습니다. 읽기는 말하고 듣기로, 말하고 듣는 대화는 쓰기로 모든 과정이 유기적으로 연결됩니다. 책을 읽고 난 후 부모와 대화한 내용을 글로 쓰면 그게 독서 기록이 되는 것입니다.

책으로 대화하는 방법은 어렵지 않습니다. 대화의 물꼬만 트면 됩니다. 좋은 질문은 아이에게서 책을 읽고 이해한 내용을 끌어냅니다. 그림책이든 학습만화든 동화책이든 다 괜찮습니다. 144페이지 예시를 보면서 아이와 책으로 대화해보세요.

초등 시기는 어떤 글이든 읽을 수 있다는 자신감, 책 읽는 습관, 끝까지 읽어낼 수 있는 인내력을 기르는 것이 중요한 시기입니다. 아이를 대신해서 책을 읽어줄 수는 없지만, 독서력이라는 씨앗에 물을 주고, 볕을 쬐어주고, 바람도 맞게 해주는 일은 부모가 곁에서 해줄 수 있습니다. 독서에 늦은 때란 없다는 것을 잊지 마세요. 오늘 책 한 권을 펼친 아이에게 따뜻한 칭찬과 응원의 한마디를 해주세요. 바로 오늘 아이의 독서 인생이 시작될 수 있습니다.

책으로 대화하기 위한 질문 예시

읽기 전	표지에서 알 수 있는 정보는 뭘까?
	제목만 보면 무슨 내용일 것 같아?
	표지와 삽화만 보고 인물이 어떤 성격일지 예측해볼까?
	이 책의 가장 중요한 소재는 무엇일까?
	이야기의 소재와 관련해 어떤 경험을 해봤어?
	이번에는 제목과 표지를 보고 엄마한테 질문해볼까?
읽는 중	한 줄씩(한 문단씩) 번갈아 가며 읽어볼까?
	주인공이 말하는 것처럼 감정을 실어서 읽어볼까?
	다음에는 무슨 일이 벌어질까?
	주인공은 왜 갑자기 눈물을 흘린 걸까?
	(아이가 어려워 할만한 단어), 이 단어는 무슨 뜻일 것 같아?
	국어사전에서 찾아볼까?
	주인공과 비슷한 상황을 겪은 적 있어?
	이 사건의 핵심 단어 세 가지를 찾아볼까?
	이해 안 되는 부분이 있니?
	주인공이 계속해서 그런 주장을 하는 이유가 뭘까?
읽은 후	이해 안 되는 부분은 다시 찾아 읽어볼까?
	특별히 마음에 드는 부분이나 문장을 뽑아볼까?
	이 책을 읽고 나서 같은 주제의 책이나 같은 작가의 책을 읽어보고 싶니?
	인물의 행동에 찬성하니, 반대하니?
	책의 주제와 관련한 활동으로 어떤 것을 해볼 수 있을까?

명문대 생기부는 초등부터 시작된다

독서 습관을 잡지 못해
어려움을 겪는 아이들

― 사 례 ―

▎어렸을 때는 좋아했던 책을 더 이상 읽지 않는 지안이

중학교 3학년 지안이는 어릴 때부터 책 읽어준다고 하면 울음도 뚝 그치던 아이였습니다. 지안이가 태어나고 지안이 엄마는 '국민'이라는 수식이 붙은 촉감책부터 돌잡이 시리즈, 과학 전집, 사회 전집, 인물 전집, 전래동화, 세계 명작 시리즈까지 그때그때 책을 바꿔주며 책장을 꽉꽉 채워줬습니다. 학원에서 독서 논술 수업까지 받았던 지안이는 요즘 말하는 '책 육아'로 자란 아이였습니다. 하지만 지금은 학교에서 다 같이 읽는 250페이지 남짓한 소설책 한 권도 끝까지 읽기 힘들어합니다. 지안이 엄마는 "얘가 초등학교 3학년 때까지는 정말 책을 좋아했어요"라고 말하며 아이가 요즘 책은 펼쳐보지도 않아 걱정이라고 합니다.

　사실 이런 사례는 지안이만의 특별한 경우가 아닙니다. 어릴 때는 좋아했지만 클수록 책을 멀리하는 아이들은 생각보다 많습니다. 책 읽기를 습관으로 만들지 못한 학생들에게는 크게 세 가지 공통점이 있습니다. 책을 읽고 보상을 받았거나, 독서 목표가 지나치게 높게 설정되었거나, 독후 활동에 대한 부담으로 독서에 흥미를 잃은 경우입니다.

반대의 사례도 있습니다. 어렸을 때부터 책이 좋아서 꾸준히 읽은 영현이가 그렇습니다. 영현이는 초등학교 때 학습만화를 시작으로 역사 분야의 책을 탐독하기 시작했습니다.《용선생의 만화 한국사》로 시작한 역사책 읽기는《박시백의 조선왕조실록》,《삼국지》,《거꾸로 읽는 세계사》로 확장되었습니다. 고등학교 때는 역사 교과와 관련한 교내 활동을 활발히 했습니다. 자연스럽게 영현이는 역사 관련 학과로 진학을 희망해 원하던 대학에 합격했고, 현재는 역사 교사의 꿈을 향해 가고 있습니다. 영현이가 초등학교 때 재미있어서 읽은 책이 진로를 만든 것입니다.

학생들이 책과 멀어지는 고비는 대개 초등학교 4, 5학년 때입니다. 학년이 올라갈수록 아이들에게는 해야 할 것들이 많아집니다. 학원을 다니기 시작하면서 공부의 양이 늘고 숙제도 해야 합니다. 아이에게 친구는 더욱 중요해지고, 스마트폰 사용으로 부모와의 갈등이 시작되는 시기이기도 합니다. 여기에 이른 사춘기까지 오게 되면 그야말로 총체적 난국입니다. 아이가 자랄수록 독서는 자꾸 뒷전으로 밀려납니다.

하지만 그 와중에도 독서 습관을 꾸준히 이어가는 학생들은 분명히 있습니다. 그런 학생들은 '책이 재미있어서 읽는다'라고 입을 모아 말합니다. 책이 재미있으니 누가 말하지 않아도 찾아 읽는 것이죠. 초등 독서 습관을 잡기 위한 열쇠는 바로 '재미'입니다. 아이가 독서의 재미를 끝까지 놓지 않고 가는 방법을 찾는 것이 중요합니다.

책이 재미있어서 읽은 아이들은 꾸준히 읽을 수 있습니다.

▌ 학교 다독왕이지만 성적은 기대에 못 미치는 서희

서희는 도서관에서 살다시피 하는 학생이었습니다. 도서부 활동도 열심히 했지만 독서량도 어마어마했습니다. 나중에는 이 책들을 정말 다 읽는 건가 싶어서 "서희야, 너 정말 이 책 다 읽었어?"라고 묻는 선생님의 질문에 서희는 수줍게 웃음으로 답했습니다. 서희는 친구들 사이에서도 아는 게 많은 친구로 통했고, 수업 시간에도 선생님의 질문에 대답을 곧잘 하는 박학다식한 학생이었습니다. 하지만 방대한 독서량에 비해 서희의 전국연합평가 등급은 좀처럼 잘 나오지 않았습니다. 심지어 국어 과목마저도 3~4등급을 오갔습니다.

학교에는 서희처럼 책은 많이 읽지만, 성적은 기대에 못 미치는 학생들이 있습니다. 독서가 공부의 비결이라면 왜 독서를 많이 하는데도 성적이 오르지 않는 학생이 있는 걸까요? 아래 또 다른 학생의 사례를 살펴보겠습니다.

승재는 유독 수학을 어려워하는 학생이었습니다. 수학 등급을 2등급 이상으로 올리기 위해 승재는 열심히 공부했습니다. 몇 달 뒤 전국 연합평가 결과를 보고 깜짝 놀랐습니다. 승재가 따로 국어 공부하는 것을 본 적이 없는데 국어 성적이 1등급이었던 것입니다. 이후로도 승재는 수학과 영어 위주로 공부했고, 국어 공부는 특별히 하지 않았습니다. 그래도 국어는 늘 1등급이 나왔고, 수능에서도 변함없었습니다.

두 학생의 차이는 어디서 온 걸까요? 두 학생이 읽은 책의 양과 종류를 살펴봤습니다. 서희가 읽은 책들은 대부분 소설이었습니다. 물론 비문학 책들도 몇 있었지만, 서희는 그 책들을 천천히 시간을 가지고 읽지는 않았습니다. 반면 승재가 고등학교 때 읽은 책은 그리 많지 않았습니다. 대부분 수행평가를 위해 읽은 책이었습니다. 과제를 하기 위한 독서였지만, 승재는 《동물농장》을 읽고 토론 캠프에 참여했고, 국가와 개인 중 무엇이 우선되어야 하는지, 권력과 평등이 양립할 수 있는지에 대한 보고서를 작성했습니다.

서희와 같은 학생들은 나쁜 독서 습관 두 가지를 가지고 있습니다. 첫 번째, 속독하지만 정독은 하지 않는다는 점입니다. 두 번째는 아는 것은 많지만 제대로 아는 것은 없다는 점입니다. 반면 승재 같은 학생들은 책을 파고들며 깊이 있게 읽는 습관을 가지고 있습니다. 한 권을 읽더라도 제대로 읽기, 이것이 바로 초등부터 길러야 하는 진짜 독서 능력입니다.

교과서든 문제집이든 모든 학습 자료는 글로 되어 있습니다. 제대로 읽고 이해하며 출제자의 의도를 파악할 수 있는 아이는 큰 무기를 가지고 있는 것입니다. 읽는 능력이 뒷받침되지 않으면 자기주도 학습을 할 수 없습니다. 제대로 읽고 깊이 이해하는 독서력을 통해 아이는 스스로 공부할 힘을 길러나갈 것입니다.

책을 많이 읽는다고 공부를 다 잘하지는 않습니다. 중요한 것은 어떻게 읽느냐입니다.

책에 흥미가 없는 아이들을 위한
긴급 처방, 학습만화

만화책은 아이들을 책으로 이끄는 훌륭한 유인책 중 하나입니다. 유명한 《Why》시리즈 외에도 《흔한 남매》, 《에그박사》, 《엉덩이 탐정》, 《설민석의 한국사 대모험》, 《백종원의 도전 요리왕》, 《수학도둑》, 《내일은 실험왕》, 《GO GO 카카오프렌즈》 등의 시리즈들은 초등학생들 사이에서 최고의 인기를 자랑합니다. 스마트폰에 빠진 아이들이 책을 읽게 하려면 책이 스마트폰만큼 재미있어야 하기 때문에 학습만화에는 책 읽는 즐거움을 알게 해주는 순기능이 있습니다.

대부분 아이들이 그림책에서 동화책으로 넘어가기 전에 만화책을 읽는 시기를 거칩니다. 이해하기 어려운 그리스 로마 신화를 그림으로 보고, 복잡하고 어려운 역사 이야기를 만화로 접한다면 훨씬 쉽고 재미있게 접근할 수 있습니다. 책에서 재미와 흥미를 느끼고, 다양한 지식까지 얻을 수 있으니 일석이조입니다. 독서 습관 잡는 데에 학습만화만 한 게 없습니다.

아이가 책 자체에 흥미를 잃어버렸다면 152페이지 목록을 참고해보세요. 저학년 추천 도서는 7세부터 즐겁게 읽을 수 있고, 만화와 이야기가 적절히 섞인 책들도 있습니다. 삽화나 만화가 비중 있게 다뤄진 시리즈 책이 대부분이지만, 아이들이 즐거운 독서를 이어가게 하기 위해서는 부모의 유연한 태도가 반드시 필요합니다.

다만, 만화는 독자들이 상상력을 발휘할 여지를 빼앗을 수 있습니다. 모든 것을 그림으로 나타내고 있기 때문입니다. 글을 이미지화해 과장되게 표현한 그래픽도 많습니다. '휙', '펑', '쿠오오오', '빠지직' 같은 의성어나 의태어가 주로 이미지화 또는 그래픽화되는데, 책장을 빠르게 넘기며 그래픽화된 글자들만 골라 보는 아이들이 있습니다. 읽는 행위를 할 때 우리의 뇌는 내용의 해석, 기존 정보와 결합, 문맥 이해 등의 복잡한 사고 과정을 거치며 전두엽을 비롯해 뇌 전체가 광범위하게 활성화됩니다. 하지만 '보는' 활동은 복잡한 사고회로를 돌리지 않아도 되므로 뇌 일부만 활성화됩니다.

또 말풍선 속 글은 일상어인 구어口語이기 때문에 어휘의 수준이 낮고 문장의 구조가 단순하며, 높은 수준의 정보를 제공하기 어렵습니다. 문어文語를 사용한 설명글은 넘기고, 그림과 말풍선 속 글자만 빠르게 읽다 보면 어렵고 긴 글은 피하는 잘못된 독서 습관이 고착될 위험이 있습니다. 예를 들어 《마법천자문》은 한자에 관심을 갖게 하는 데에 훌륭한 동기가 되는 책이지만, 현장에서 《마법천자문》만 몇 년을 반복해서 읽는 고학년 학생들에게 책 속에 나오는 한자어를 물어보면 전혀 모르는 경우가 많습니다. 복잡하고 읽기 어려운 부분은 뛰어넘고, 그림만 보고 있기 때문입니다.

따라서 아이가 2, 3년 동안 학습만화만 읽고 있다면 다른 읽기 자료를 함께 제공하거나 다양한 종류의 책을 읽도록 유도해야 합니다. 하지만 그렇다고 지금 당장 읽고 있는 학습만화를 뺏을 필요는 없습니다. '학습만화라도' 읽는 것이 독서를 아예 하지 않는 것보다 훨씬 낫기 때문입니다.

학습만화 추천 목록

시리즈명	서사명	출판사	추천 학년
뼈뼈 사우루스	암모나이트	미래엔아이세움	1-2학년
GO GO 카카오프렌즈, 역사문화, 자연탐사	김미영, 조주희, 김정한	아울북	3~4학년
의사 어벤저스	고희정, 조승연	가나출판사	3~6학년
엽기 과학자 프래니	짐 벤튼	사파리	1~2학년
처음 읽는 그리스 로마 신화	최설희, 한현동	미래엔아이세움	4~6학년
숭민이의 일기	이승민, 박정섭	풀빛	3~4학년
에그박사	에그박사, 박송이	미래엔아이세움	1~4학년
정재승의 인류 탐험 보고서	정재승, 차유진, 김현민	아울북	4~6학년
수학도둑	송도수, 서정은	서울문화사	3~4학년
천하무적 개냥이 수사대	이승민, 윤태규	위즈덤하우스	1~2학년
올빼미 시간탐험대	황혜영, 이지후	을파소 (21세기북스)	3~4학년
이상한 과자 가게 전천당	히로시마 레이코, 쟈쟈	길벗스쿨	3~6학년
최재천의 동물 대탐험	황혜영, 박현미	다산어린이	4~6학년
명탐정 닭다리 탐정	정인아, 정예림	모든북스	1~2학년
곤충탐정 정브르	정브르, 안경순	서울문화사	1~4학년
수학 탐정스	조인하, 조승연	미래엔아이세움	3~4학년
비밀요원 레너드	박설연, 김덕영	아울북	1~2학년
올림포스 가디언	토마스 불핀치	주니어RHK	3~4학년

명문대 생기부는 초등부터 시작된다

배드 가이즈	애런 블레이비	비룡소	4~6학년
별의 커비	다카세 미에	해피북스투유	5~6학년
신기한 스쿨버스 어드벤처	앤마리 앤더슨	비룡소	3~4학년
용선생 만화 한국사	정상민 외	사회평론	3~6학년
기괴하고 요상한 귀신딱지	라곰씨, 챠챠	라이카미	1~2학년
마법 숲 탐정	선자은, 이경희	슈크림북	3~4학년
우당탕탕 야옹이 읽기책	구도 노리코	책읽는곰	1~2학년
채사장의 지대넓얕	채사장, 마케마케, 정용환	돌핀북	5~6학년
눈 떠 보니 슈퍼히어로	이승민, 나오미양	다산어린이	3~4학년
미래가 온다	김성화, 권수진, 조승연	와이즈만북스	3~4학년

진로희망,
생기부의 스토리텔러

진로희망이 명확한 학생의 생기부에는 스토리가 있습니다

진로희망, 수상 경력, 자격증 영역의 입시 반영 여부 및 반영 방법

평가 항목	고입(일반고)	고입(특목고)	대입(학종)	대입(정시)
진로희망	반영 안 함	블라인드 처리되어 반영 안 함		
수상 경력	교내 수상 실적을 점수화해 반영	영재학교와 일부 과학고에서 반영	블라인드 처리되어 반영 안 함	
자격증	반영 안 함	블라인드 처리되어 반영 안 함		

생기부에 스토리가 있어야 한다는 이야기가 있습니다. 생기부처럼 딱딱한 자료에 스토리를 만들라는 것이 무슨 이야기인지 감이 잡히지 않을 수 있겠지만, 결론부터 말하자면 스토리가 있는 생기부는 분명 있습니다. 생기부의 스토리텔러는 바로 학생의 '진로희망'입니다.

진로희망은 '5.창의적 체험활동상황' 영역 중 진로 특기사항의 가장 윗줄에 기재되는 학생의 희망 직업입니다(241페이지 부록 참고). 특기사항이 학년마다 기재되는 것처럼 진로희망 역시 1년에 하나씩 기록됩니다. 하나의 단어에 불과한 진로희망 자체를 점수화해 평가하기는 어렵습니다. 그렇기 때문에 대입에서는 진로희망을 평가하지 않는다고 했고요. 심지어 입시를 위해 제출하는 생기부에는 진로희망이 아예 표시되지 않습니다. 그렇다면 여전히 진로희망이 중요하다고 하는 이유는 무엇일까요?

학종 전형에서는 진로희망 자체를 평가하는 것이 아니라 '계열 역량'이라는 평가 기준으로 학생이 자신의 진로희망을 달성하기 위해 어떤 노력을 했는지를 평가합니다. 따라서 학생의 진로희망이 입시에 직접 반영되지는 않는다고 해도 이수과목, 계열 관련 교과 성취도, 창의적 체험활동상황이나 교과학습발달상황의 각종 특기사항 등에서 희망하는 진로에 대한 탐구 과정이 드러납니다. 따라서 생기부 곳곳에 녹아 있으면서 생기부의 스토리텔러 역할을 하는 학생의 진로희망은 여전히 중요합니다. 이어지는 표에서 진로 역량을 판단하는 기준은 무엇인지, 각 항목 특기사항에서 진로희망을 어떻게 반영하는지 살펴보겠습니다.

생기부에서 진로희망을 판단하는 근거

항목	진로 역량을 판단하는 근거
창의적 체험활동	• 자율활동: 학교와 학급 자율활동에서 보여준 계열 관련 경험 탐색과 탐구 과정 • 진로활동: 진로활동에서 보여준 계열 관련 탐색 과정과 탐구 능력 • 동아리활동: 진로 관련 동아리 가입 여부 및 교육 과정 내 동아리 특기사항에서 드러난 계열 관련 탐구 과정
교과학습 발달상황	• 이수과목의 종류, 계열 관련 교과 성취도 • 과세특, 개세특에 드러난 탐구 과정 및 능력

특기사항에 진로희망이 반영된 예시

생기부 항목	특기사항	
자율활동 특기사항	진로희망	물리학자
	··· 학급 자치시간 중 또래 강의에 자원해 마이클 패러데이의 업적에 대해 설명함. 전자기학의 역사가 한눈에 들어오는 발표 자료를 제작했으며 촛불의 과학에 담긴 과학자의 사회적 의무를 따뜻한 어조로 설명해 큰 호응을 얻음.	
	진로희망	빅 데이터 전문가
	··· 학급 월간지(4월호)에 달에 데이터 센터를 구축하는 것에 대한 찬반 의견을 고르게 소개하며 급우들이 인간의 기술 개발에 대한 새로운 관점을 가질 수 있는 기회를 제공함.	
진로활동 특기사항	진로희망	자동차공학기술자
	··· 찾아가는 진로체험의 날에 자동차 연구원을 만나 수소차의 현재와 미래에 대해 궁금한 점을 묻고 수소차 제작 비용을 절감할 수 있는 핵심 기술에 대한 멘토링을 받음. 후속 연구로 인공신경망을 이용한 주사투과전자현미경 기반 원자분해능 전자토모그래피 기술에 대한 논문을 읽고 실용화 가능성에 대해 고찰해봄.	
동아리활동 특기사항	진로희망	재료공학기술자
	통합 과학반: ··· 발표 주제로 '물리량의 단위'를 선정해 과학 교과서에 나오는 물리량의 단위를 SI 단위로 풀어서 유도하는 보고서를 작성한 후 이를 토대로 간결하게 정리된 발표자료를 만들어 학생들에게 물리량의 의미를 정확하게 설명함.	
과목별 세부 능력 및 특기사항	진로희망	언론 및 미디어
	국어: ··· 자신의 관심 분야인 미디어 매체의 방향성에 대한 생각을 보고서로 작성해 제출함. '디지털 가상'이라는 표현을 구체적으로 설명했고 '텔레마틱한 사회'의 의미를 구체적인 사례와 다양한 근거를 통해 설득력 있게 작성했음.	

	사회: … 역사 인물 탐구 시간에 청소년 노동 인권에 대해 관심을 갖고 '십대가 꼭 알아야 할 노동 인권 지식'이라는 주제로 팸플릿을 작성해 친구들에게 설명하고 그 결과물을 학교 SNS에 게시해 공유함.
	진로희망 약사
개인별 세부능력 및 특기사항	… '바이러스에 대한 e-북 만들기 프로그램' 강좌를 듣고 e-북을 제작함. DNA가 아닌 RNA를 유전물질로 가지고 있는 RNA 바이러스에 대해 심도 있게 파고든 부분이 인상적이었으며, 우리나라에 위치한 국제백신연구소(IVI)를 소개하며 코로나19 바이러스의 백신 개발 과정을 흥미롭게 전달함. e-북을 제작한 후 개인 SNS와 학교 홈페이지를 활용해 여러 사람에게 적극적으로 알리려고 노력함.

표에서 확인한 것처럼 다양한 영역의 특기사항과 진로희망을 연결해준다면 생기부에는 자연스럽게 하나의 스토리가 생기게 됩니다. 그런데 여기서 주의할 점이 있습니다. 스토리는 '만들어내는' 것이 아니라 '생겨나야' 한다는 것입니다. 이 둘에는 큰 차이가 있습니다. 생기부에는 학생들의 생활이 담겨 있습니다. 학생들은 자신이 좋아하는 일을 하고, 흥미 있는 대상을 탐구할 때 가장 빛납니다. 진로희망을 먼저 정하고 그에 맞춰서 특기사항을 채워가는 게 아니라, 아이가 좋아하고 잘하는 것을 성실하게 탐색하고 찾아나가는 과정에서 자연스럽게 원하는 진로를 찾고 특기사항을 채우는 것을 목표로 해야 합니다.

생기부의 특기사항에만 진로희망을 이루기 위해 노력하는 과정이 담기는 것은 아닙니다. 대입에 반영되지는 않지만 수상 경력 역시 생기부 전체를 본다면 스토리텔링의 한 축을 담당할 수 있습니다. 과학에 관심과 재능이 있는 학생이라면 과학 관련 대회에서 수상할 가능성이 높아지고, 글쓰기에서 두각을 나타내는 학생이라면 글짓기 대회의 수상 경력이 풍부해질 것입니다.

수상 경력처럼 학생의 적성이나 능력을 보여줄 수 있는 생기부 항목이 또 있습니다. 바로 자격증입니다. 하지만 자격증을 따더라도 생기부에 기록해달라고 학교에 요청하는 경우는 매우 드뭅니다. 그러나 생기부에 기록하지 않는다고 해서 자격증을 따기 위해 노력했던 과정이 사라지는 것은 아닙니다. 학교 안팎에서 꿈을 이루기 위해 노력했던 모든 순간이 모여 나만의 스토리가 만들어집니다.

명문대 생기부는 초등부터 시작된다

자신이 좋아하는 것,
잘하는 것을 알게 해주세요

중고등학생이 되어도 진로희망이 확고한 아이들은 많지 않습니다. 중학교 때까지 진로희망이 확고했다 하더라도 고등학생의 경우는 성적이라는 벽에 가로막혀 생기부에는 솔직하게 진로희망을 적지 못하기도 합니다. 그렇기 때문에 초등학교 때부터 진로를 정하는 것은 그다지 중요한 일이 아닙니다. 오히려 진로희망보다 아이 스스로 자신에 대해 파악해가는 과정이 훨씬 중요합니다. 내가 무엇을 좋아하고 잘하는지 아는 어린이들은 진로희망을 확실하게 정하지 못하더라도 탐색 과정에서 빛이 나게 됩니다.

그렇다면 초등학생들은 어떻게 자신에 대해 탐색할 수 있을까요? 나에 대해 잘 알고, 나를 사랑하는 초등학생 어린이는 중고등학생이 되어서도 자신의 삶을 차근차근 준비해나갈 수 있습니다. 내 아이가 스스로를 얼마나 이해하고 있는지 체크리스트를 통해 살펴볼 수 있습니다.

□ 내가 좋아하는 과목이 무엇인지 알고 그 이유도 생각할 수 있나요? (음악, 미술, 체육 제외)

□ 나의 장점과 단점에 대해 알고 있나요?

□ 나의 장점을 살리거나 단점을 극복하기 위해 노력하고 있나요?

□ 자신의 생각이나 생활을 정리하는 글을 주 3회 이상 쓰고 있나요? (일기, 다이어리 등)

□ 자신의 성격이 어떤지 말할 수 있나요?

□ 어떤 친구랑 있을 때 편안함을 느끼는지 생각할 수 있나요?

□ 부모님의 성격 중 어떤 부분을 닮았고, 어떤 부분을 닮지 않았는지 말할 수 있나요?

□ 내가 좋아하는 것이 무엇인지 말할 수 있나요?

□ 내가 싫어하는 것이나 불편한 것이 무엇이고, 그 이유는 무엇인지 말할 수 있나요?

□ 관심 분야에 관한 책을 읽거나 체험해본 적 있나요?

▌아이가 무엇을 잘하는지 스스로 알아야 해요

초등학생 때 가졌던 꿈을 성인 때까지 가져가는 경우는 많지 않습니다. 하지만 초등학생 때부터 잘한다고 생각한 것이 성인까지 이어지는 경우는 많습니다. 예를 들어 초등학교 때 글쓰기를 잘한다고 생각했던 아이는 성인이 되어서도 스스로 글을 잘 쓴다고 생각합니다. 자신이 무엇을 잘하는지에 대해 말할 때 많은 사람이 의외로 초등학생 때 경험을 토대로 얘기하고는 합니다.

그래서 초등학생 시기에는 모든 것에 관심을 가지고 경험해보고,

가능성을 열어두는 것이 중요합니다. 아이가 경험해보지도 않고 지레 '나는 이것은 못해'라고 생각하지 않도록 해야 합니다. 교실에서 지켜봤을 때 처음에는 싫어했던 과목도 많이 경험하면서 자신감을 느끼게 되면 그 과목을 좋아하게 되는 아이들이 많았습니다.

아이가 잘하고, 또 스스로도 잘한다고 생각하는 것은 재능을 더 키워주세요. 꼭 아이의 진로를 위해서만이 아니라 그런 노력들은 아이의 자존감을 높이는 것과도 연결이 되기 때문입니다. 스스로 잘하는 것이 무엇인지 천천히 찾아보고 조금이라도 잘하는 것은 더욱 잘할 수 있도록 격려받으며 아이들은 미래의 가능성을 넓혀갑니다.

▌ 아이의 기질과 성향을 파악해요

아이들마다 각자 타고난 기질이나 성향은 분명히 있습니다. 감각이 예민한 아이, 감성이 풍부한 아이 등 아이들의 모습은 모두 달라서 더 특별하죠. 그리고 학교에서 만나는 모든 아이는 저마다의 장점을 가지고 있습니다. 감각이 예민한 아이는 관찰력이 좋고, 감성이 풍부한 아이는 자신의 마음을 말과 글로 잘 표현하거나 다른 친구들의 마음을 잘 읽어줍니다.

요즘은 성향이나 기질을 파악하기 위한 다중지능 검사, 애니어그램 검사 등 초등학생들도 할 수 있는 다양한 검사가 있어 부모가 아이들의 특성을 미리 파악해볼 수 있습니다. 단, 얼마든지 성장하고 바뀔 수 있는 아이들이 검사 결과 때문에 자신에 대한 고정 관념을 가질 수 있으니 아이에게 말해줄 때는 각별히 주의해야 합니다. 예를 들어 아이가 언어지능이 낮다는 것을 알면 '나는 그래서 국어를 못한다'라고 부정적인 생각에 스스로를 가두고 노력하기를 포기할 수 있습니다. "얘는 날 닮아서 운동신경이 없어"라고 부모가 무심코 던진 말도 아이는 다 듣고 자신을 부정적으로 인식할 수 있습니다.

아이가 잘하는 것, 더 노력해야 하는 점 등을 다양하게 이야기하며 아이가 자신을 객관적으로 인지할 수 있게 해주세요. 노력해야 할 부분을 알려줄 때는 비난이나, 지적으로 받아들이지 않고 있는 그대로 사실만 받아들일 수 있도록 부정적인 표현은 주의하는 것이 좋습니다. 자신을 객관적으로 판단하는 훈련으로 아이들은 타인의 입장에서 자신을 성찰할 수 있는 능력인 메타인지도 높일 수 있습니다. 메타인지가 높은 아이들은 다른 사람의 입장과 생각을 잘 이해하고 받아들일수 있어 대인관계에서의 어려움도 잘 해결해나갑니다.

▍ 부모님이 아이의 멘토가 되어주세요

아이들 스스로 자신의 꿈을 찾기보다 부모가 제시한 것을 그대로 따라가는 친구들이 있습니다. 부모의 등쌀에 사교육 현장을 여기저기 종횡하는 아이들도 많고요. 무리한 사교육에는 여러 가지 단점이 있습니다. 중3 수학을 선행하면서 정작 학교에서 공부하는 6학년 수학 내용을 친구에게 물어보는 아이들도 있고, 학원 공부를 하느라 자신의 꿈을 생각할 시간도, 다양한 경험을 쌓을 시간도 없는 아이들도 많습니다. 바쁜 스케줄을 감당하며 열심히 살아가지만, 아이들이 잃고 있는 것도 꽤 많습니다. 모두가 의대를 꿈꾸다 보면 결국 '나 자신'을 잃게 되는 것이죠.

더 큰 문제는 수준 높은 학습을 제공하는 학원을 다니고, 많은 학습량을 감당한다는 사실에 자신의 실력도 높다고 생각하는 경우가 비일비재하다는 점입니다. 이런 아이들이 중학생이 되었을 때 성적이 잘 나오지 않거나, 자신이 생각했던 학교에 입학하지 못하게 되면 좌절하며 목표를 잃어버립니다. 이러한 점이 중고등학교 선생님들이 현장에서 아이들을 지도할 때 어려움을 느끼는 부분이기도 합니다. 정확하게 자신의 실력을 알고 받아들여야 아이도 성장할 수 있고, 선생님도 그 과정을 생기부에 담을 수 있습니다. 하지만 어렸을 때부터 높은 수준의 사교육을 받으며 영재로 여겨졌던 아이들은 이런 상황을 쉽게 받아들이지 못하는 경우가 많습니다.

아이는 학습 주도권을 스스로 가져야 하며, 나아가 자신의 진로까지도 '나의 것'이라고 인식해야 합니다. 그래서 부모는 매니저가 아닌 '멘토'의 역할을 해야 합니다. 아이에게 시키듯이 말하지 말고, 아이를 바쁘게 만들지 말고, 아이의 생각을 많이 물어봐주세요. EBS에서 방영하는 〈다큐프라임〉이라는 프로그램에서 성적이 상위 1퍼센트인 아이들과 부모의 대화를 주제로 다룬 적이 있습니다. 일반 학부모들은 자녀에게 비난 40퍼센트, 분노 34퍼센트 등 부정적인 감정을 주로 표현한다고 합니다. 하지만 상위 1퍼센트 학생의 학부모의 경우 수용, 애정, 관심 등 긍정적인 감정을 담은 말의 비중이 높게 나타났다고 합니다. 아이가 자신에 대해 차분히 생각하고 도전해볼 수 있도록 긍정적이고 용기를 실어주는 말을 통해 멘토의 역할을 해주세요. 나는 아이에게 어떤 마음으로 말하고 있는지 확인할 수 있는 체크리스트도 준비했습니다.

부모의 대화 태도 체크리스트

□ 아이와 대화할 때, 편안한 마음으로 아이를 대할 수 있나요?

□ 아이가 잘못한 일이 있을 때 화를 내기보다 아이의 이야기를 먼저 들어주나요?

□ 아이와 대화하면 즐거운 기분으로 마무리가 되나요?

□ 아이에게 긍정적인 표현을 많이 하는 편인가요?

□ 아이가 잘못된 행동을 할 때, 부드럽고 지속적인 방식으로 교육하는 편인가요?

다양한 진로 탐색활동으로
아이의 가능성을 열어줘요

초등학생 아이들에게 다양한 경험은 진로 선택에 좋은 양분이 됩니다. 우리 아이는 다양한 경험을 충분히 하고 있는지 168페이지 체크리스트로 먼저 점검해보세요. 다양한 경험을 한다고 꼭 비싼 돈을 치러야 하는 것은 아닙니다. 가족과 함께 등산 가는 것, 집안일을 하는 것 등 우리가 생각하지 못한 일들이 아이에게 도움이 될 수 있습니다.

▌초등학생에게는 다양한 경험이 곧 진로교육이에요

초등학생의 진로교육은 곧 다양한 체험입니다. 초등학생 때는 하나의 직업을 수업 시간에 여러 번 배우는 것보다 자신이 직접 경험했던 한 번의 체험이 더 기억에 남습니다. 아이의 관심사가 6개월 미만으로 유지되면 단순 흥미이고, 6개월 이상 지속 되면 진로나 적성과

우리 아이 진로 탐색을 위한 체크리스트

☐ 박물관, 미술관, 공연 등 1년에 3~4회는 아이에게 문화생활을 경험하게 하나요?

☐ 자연에서 보내는 시간을 많이 가지려고 노력하나요?

☐ 아이가 배우고 싶다는 것은 경험하도록 하는 편인가요?

☐ 주말 중 하루는 집에 있기보다 밖에 나가서 다양한 경험을 하게 하나요?

☐ 아이가 배우는 과목과 관련된 체험을 골고루 하도록 하나요?

☐ 조부모님, 친척 등 아이가 다양한 사람들을 만날 기회가 있나요?

☐ 아이가 좋아하는 것이 무엇인지 알고 관련된 것을 더 경험하도록 하나요?

☐ 아이가 다양한 분야의 책을 읽으며 간접 경험할 수 있도록 도서관에 자주 가나요?

☐ 집안일, 자기 방 정리, 동생 돌보기 등 아이가 꾸준히 하는 일이 있나요?

☐ 시간이 날 때마다 자주 가는 우리 가족만의 놀이터가 있나요?

☐ 아이의 생활이 야외에서 노는 시간, 실내에서 책 읽거나 학습하는 시간으로 골고루 이뤄지고 있나요?

관련이 있을 가능성이 높다고 합니다.

진로교육이라고 해서 꼭 직업 체험관이나 특강, 캠프 등에 참여해야 하는 것은 아닙니다. 아이가 몸으로 체험할 수 있는 것은 뭐든 좋습니다. 곤충을 관찰하거나 미술관, 항공 우주 박물관을 방문하는 등 아이가 알지 못하던 세계를 경험하는 것이면 무엇이든 최고의 진로교육입니다. 꼭 교육적인 것이 아니어도 됩니다. 사촌 동생을 돌봐주는 것, 집안일을 맡아서 하는 것 등 평소에 해보지 않은 새로운 경험이라면 모두 진로체험입니다. 이런 체험에 독서가 더해진다면 아이들은 자신들의 관심 분야를 직접 또는 독서로 간접 체험하면서 그 경험이 평생 기억에 남을 것입니다.

이때 가장 중요한 것은 아이들이 자신의 관심사를 찾아가는 과정을 기다리고 응원해주는 부모의 태도입니다. 더 나아가 아이의 관심사를 부모가 함께 알아가는 것도 권장합니다. 실제로 한 학부모는 아이가 관심이 생긴 분야에 대한 전반적인 산업 체계까지 경험해보도록 한다고 합니다. 부모가 먼저 관련 내용을 살펴보기 위해 커뮤니티에 가입하거나, 박람회에 참석하는 경우도 있습니다. 이 같은 방법은 부모가 아이에게 넓은 세상을 보여줄 수 있고 아이의 진로나 꿈에 늘 관심이 있다는 메시지를 아이에게 줄 수도 있습니다. 그럼 아이는 자신감을 키우며 더 넓은 시야를 갖게 됩니다.

▌ 몸놀이가 곧 마음의 건강으로 이어져요

아이들은 많이 뛰어놀면서 마음이 단단해지고, 자기주도력도 생기고, 자존감도 높아집니다. 어린아이에게 몸놀이는 밥을 먹고 잠을 자는 것처럼 꼭 해야 하는 일입니다. 아이가 몸을 쓰며 놀 수 있도록 해주세요. 가족과의 몸놀이를 통해 아이는 육체적으로도 정신적으로도 건강해집니다. 170페이지에는 아이와 함께 몸을 부대끼며 놀 수 있는 가족놀이 방법들을 정리해봤습니다. 일상에서 아이와 함께 실천해보세요.

마음이 건강해야 아이들에게 열심히 살아갈 의욕도 생깁니다. 행

초등학생 가족놀이 예시

• 우리 가족만의 자연 놀이터를 만들어요

바다, 산, 공원이나 여름마다 가는 계곡 등 꾸준히 방문하는 자연 공간을 만들어주세요. 장소가 다양하지 않아도 좋습니다. 시간이 날 때마다 자주 가는 곳은 가족들만의 추억의 장소가 될 수 있습니다.

• 주말마다 가족 구성원의 날을 정해보세요

매달 첫째 주 주말은 아빠의 날, 둘째 주는 엄마의 날, 셋째 주는 아이의 날과 같이 정해 그날은 주인공이 된 사람이 하고 싶은 활동을 합니다. 아이의 날에는 아이가 하고 싶거나 가고 싶은 곳에 갈 수 있도록 미리 정해두면 좋습니다.

• 평일 저녁 짧게라도 함께하는 시간을 보내요

평일 저녁에 잠깐이라도 가족과 놀 수 있도록 보드게임은 필수로 집에 준비해주세요. 짧은 시간이라도 밖에 나가 함께 산책해도 좋습니다.

• 차를 타고 이동하는 시간도 활용해요

차 안에서 스무고개, 퀴즈 등 게임을 하거나, 가족 노래방으로 활용하면 이동 시간도 즐거워집니다. 아이들이 같이 부르기 좋은 가요, 동요를 섞어 가족들만의 플레이리스트를 만들어보세요. 한 곡을 정해 여러 번 끊어 들으면서 가사를 천천히 외우며 같이 따라 부르다 보면 아이들의 음감, 노래 실력도 좋아지고 자신감도 쌓을 수 있습니다.

• 아이와 유튜브 촬영놀이를 해요

가족회의, 여행 등 가족과 보내는 시간을 촬영하고, 영상으로 만들어보세요. 기록된 영상으로 추억도 쌓고 아이들의 미디어 활용 능력이나, 시각적인 감각도 키울 수 있습니다.

• 일주일에 한 번 선생님이 되어봐요

아이의 관심 분야를 일주일에 한 번 가족에게 가르쳐주는 날을 정합니다. 좋아하는 애니메이션의 주인공, 재미있게 읽은 책, 레고 및 블록놀이 등 아이의 취미나 관심사를 소개하며 재미있게 활동할 수 있습니다. 처음엔 부모님의 도움을 받을 수 있고 부모님도 한 주씩 돌아가면서 할 수 있습니다.

복한 경험을 가지고 자란 아이는 실패를 겪을 때도 유연하게 어려움을 극복합니다. 좋은 추억과 편안한 마음을 가진 아이들은 자신의 진로를 보다 여유를 가지고 포괄적으로 생각할 수 있습니다. 또 사람들과 좋은 관계를 맺으며 다양한 진로에 관심을 가지고 자신감 있게 도전할 수 있습니다.

▌ 미디어 생산자가 되게 해주세요

초등 저학년까지는 미디어 사용을 가능한 한 제한하고, 아이가 고학년이 될 때쯤 미디어를 어떻게 활용하는지 방법을 알려주면 좋습니다. 미디어는 소비하느냐, 생산하느냐에 따라 소비자와 생산자로 나눌 수 있습니다. 아이들이 자신의 관심사를 가지고 미디어 생산자가 될 수 있도록 도움을 주는 것을 추천합니다. 아이가 미디어 생산자가 되면 미디어 활용 능력도 키울 수 있고, 자신의 관심사를 열심히 파고들 수 있습니다. 아이가 잘하는 것, 관심 있는 것에 대해 기록을 남기는 과정이 진로를 탐색하는 과정이 됩니다. 다만 개인정보는 노출하지 않도록 각별히 주의해주시고 온라인에서 사람을 만나거나 댓글을 달 때 주의할 점들을 충분히 얘기해주세요.

▌진로 탐색을 위한 '꿈지도'를 만들어요

　사람들이 진로를 선택할 때 의외로 어린 시절의 경험을 따르는 경우가 많습니다. 그리고 중고등학생 때에는 학업을 이어가면서 자신의 꿈을 찾기가 쉽지 않습니다. 따라서 시간적 여유가 많은 초등학생 때 자신이 좋아하는 것에 대해 많이 생각해보는 것이 좋습니다. 그 과정을 도울 방법으로 꿈지도 만들기를 추천합니다. 초등학생 아이들은 자신감도 넘치고, 하고 싶은 것도, 되고 싶은 것도 많습니다. 이 시기에 아이들이 자신의 관심 분야를 마인드맵으로 그려나가는 꿈지도 만들기를 통해 차곡차곡 좋아하는 것을 모으다 보면 자존감도 키우면서 자신의 미래를 만들어가는 데에 큰 도움이 될 것입니다.

꿈지도 만들기 예시

▌ 방학을 활용해 다양한 경험을 해요

아이들에게는 여름과 겨울에 방학이라는 여유 시간이 있습니다. 이 한 달을 어떻게 보냈느냐에 따라 방학이 지나 학교로 돌아온 아이들의 모습에 차이가 나기도 합니다. 긴 시간을 어떻게 보내야 할지 부모님들은 걱정이 많겠지만, 조금만 노력한다면 방학은 아이들이 크게 성장하는 값진 시간이 될 것입니다.

시간적 여유가 많은 방학은 아이들이 책을 충분히 접하고 독서의 즐거움을 누리게 해주기에 좋은 시기입니다. 평소 학원에 다니느라 바빴던 아이들일수록 부모님과 함께 도서관에 가서 시간을 보내며 충분히 책을 읽는 것을 추천합니다. 그리고 이전 학기에 부족했던 교과 내용을 보충하는 시간으로도 보낼 수 있습니다. 방학을 맞이하기 직전 학기에 배웠던 수학 내용을 문제집으로 복습하는 것도 매우 좋습니다. 학년 수준에 맞는 독해 문제집을 매일 한 장씩 풀며 읽기 연습도 할 수 있고, 매일 꾸준히 일기를 쓰거나 독후 감상문을 쓰며 집중적으로 글쓰기 연습을 할 수도 있습니다. 여건이 된다면 초등학교 저학년 시기에는 방학을 이용해 아이에게 좋은 추억이 남을 수 있도록 여행을 다녀오는 것을 추천합니다. 그리고 여행지에서도 매일 일기를 꾸준히 쓰며 하루를 기록하면 글쓰기 연습도 되고 좋은 추억을 기록으로 남길 수 있습니다. 초등학교 5학년 때에 역사를 배우기 때문에 미리 아이가 흥미를 느낄 수 있도록 저학년 시기에 역사 박물관 방문하는 것을 추천합니다. 물론 아이가 관심 있는 분야와 관련된 체험을 하거나 박물관에 가는 것도 좋습니다.

초등학교 고학년 시기에는 여행도 좋지만, 자신이 평소에 더 배우고 싶었던 것들을 다양하게 배워보는 것이 좋습니다. 방학에도 이뤄지는 학교 프로그램, 학원 방학 특강, 캠프 참여 등을 통해 다양한 활동에 참여할 수 있습니다. 아이가 자신의 관심사와 관련 있는 자격증을 찾아보고 도전하는 것도 좋습니다.

하지만 아이들의 생활은 무엇보다 균형이 중요합니다. 여행이 좋다고 너무 바깥으로만 다녀도 아이가 체력적으로 힘들 수 있기 때문에 바깥 생활과 집에서 숙제, 독서, 집안일 등을 하는 시간을 균형 있게 보내는 방학이 되어야 합니다. 제일 중요한 것은 아이들이 '자신'에게 집중할 수 있는 시간을 보내는 것입니다. 방학을 통해 아이들이 자신이 무엇을 좋아하는지 생각하고, 경험할 수 있는 기회로 활용하게 해주세요. 이 과정이 충분히 이뤄지면 이후 생기부에 자신의 관심사와 진로를 채워나가는 밑바탕이 될 수 있습니다.

진로희망을 고민하며
성장하는 아이들

⎯⎯ 사 례 ⎯⎯

▌입시에 성공하고도 진로 고민이 끝나지 않은 해준이

특별히 생각했던 진로희망이 없었던 해준이는 인문계보다 자연계가 취업에 유리하다는 부모님의 의견을 따랐습니다. 공대에 가려면 물리, 화학은 필수로 수강해야 했기에 그에 맞춰 수강 과목을 선택하고, 생기부 역시 공학 계열 진학을 위한 스토리를 만들어왔습니다. 하지만 고3이 되어 수시 원서를 작성할 시기가 됐을 때, 해준이는 공학 계열에 진학하고 싶지 않아졌습니다. 별탈 없이 잘 따라오던 해준이의 갑작스러운 선택에 부모님은 당황할 수밖에 없었습니다.

1학년 때부터 해준이는 모든 과목의 등급 평균이 1.5등급 이내로 상위권이었지만, 다른 과목에 비해 수학이나 물리 성적이 특별히 우수하지는 않았습니다. 오히려 3학년이 되자 수학이나 과학 성적은 등급이 더 떨어져버렸습니다. 해준이는 3학년이 돼서는 길을 잃은 것처럼 보였습니다. 학종 전형으로 지원하려고 해도 생기부에 공학 관련 외에는 입학사정관을 설득할 만한 스토리가 없었기 때문이었습니다. 그럼에도 불구하고 해준이는 내신 성적이 상위권이었기 때문에 교과 전형으로 수시에 합격했습니다. 단, 적성보다는 대학을 우선 선택하고 내신 성적에 맞춰 전공을 정했기 때문에 해준이는 입학을 앞두고도 마냥 좋아하지 못하고 걱정이 많아 보였습니다.

아이가 꿈이 없다고 걱정하는 부모가 많지만, 정작 학창 시절에 꿈이 정해져 있는 아이들은 극히 일부입니다. 꿈이 있다 하더라도 막상 원서를 쓸 때 현실의 벽에 부딪히는 경우가 많기 때문에 입시를 지도하는 교사 입장에서는 무작정 꿈을 크게 가지라고 말할 수도 없습니다. 그렇기 때문에 아이들은 자신이 무엇을 좋아하는지도 알아야 하지만, 무엇을 잘하는지 아는 것도 중요합니다. 잘하는 것으로 꿈을 실현할 가능성이 더 높기 때문이죠. 학생들에게 꿈이 없는 건 어찌 보면 당연합니다. 미래에 대한 예측은 누구에게나 어려운 일이니까요. 그에 비한다면 내가 뭘 잘하는지 파악하는 일은 그나마 난이도가 쉬워 보입니다. 아이의 장점을 객관적으로 알려줄 수 있는 담임 선생님이 있기 때문입니다.

교사들에게 생기부 작성이란 흡사 학생들의 장점 찾기 미션과도 같습니다. 그러므로 객관적인 관점에서 우리 아이가 잘하는 것이 무엇인지 알고 싶다면, 담임 선생님과의 상담 내용을 잘 떠올려보세요. 선생님들마다 표현 방식은 다르겠지만 여러 선생님에게서 비슷한 이야기가 나온다면 그게 바로 우리 아이의 진짜 모습일 테니까요.

무엇을 잘하는지, 무엇을 좋아하는지 알고 있는 것이 성적만큼 중요해요.

▌학년마다 진로희망이 바뀌었지만 입시에 성공한 태운이

태운이는 고등학교 1, 2, 3학년 모두 다른 진로희망을 갖고 있었습니다. 1학년 때는 컴퓨터공학과를 진로희망에 적었습니다. 중학교 때까지 특별한 꿈이 없었던 태운이가 부모님과 주변 어른들의 조언을 따라 적어낸 것입니다. 하지만 고등학교 2학년 때 태운이의 진로는 바뀌었습니다. 바로 체육대학이었습니다. 태운이가 진로를 변경한 이유는 '전공 탐색의 날', '대학생 진로 멘토링' 같은 학교 행사에 참여한 것이 계기가 되었습니다. 3학년이 된 태운이는 학기 초에 다시 간호학과라는 진로희망을 적어냈습니다. 3학년이 되기 전 겨울방학부터 고민한 결과, 사람을 우호적으로 대하는 자신의 성향에 걸맞으며 취업이 잘 되는 점도 매력적이라고 판단했던 것입니다.

태운이는 3년 동안 희망했던 진로가 모두 다른데도 원했던 간호학과에 합격했습니다. 태운이가 입시에 성공할 수 있었던 데는 몇 가지 이유가 있었습니다. 기본적으로 원하는 대학과 학과에 진학하기 위해서는 우선 해당 대학과 학과에서 원하는 성적 기준을 충족해야 합니다. 3년간 진로희망이 다르더라도 성적이 우수하다면 대학 입학 후 학업을 이어갈 능력을 갖췄다고 판단하는 것입니다. 태운이 역시 이걸 알고 최선을 다해 공부해서 대학이 요구하는 성적을 갖췄습니다.

두 번째로 태운이는 학교생활에 충실했습니다. 학교 자체에서 운영하는 독서 프로그램을 통해 인문학적 소양을 갖추고자 노력했습니다. 또한 태운이의 생기부에서는 성적 외에 동아리활동, 진로활동, 자율활동 등에서 타인을 배려하는 성향을 비롯해 각종 사회문제에 대한 탐구심을 엿볼 수 있었습니다. 독서와 인성은 대학의 어느 전공에서라도 기초 소양으로 중요하게 여기는 부분입니다. 태운이의 생기부는 태운이의 성품과 성실성을 증명하는 자료였습니다.

사실 고등학교 1학년에서 3학년에 이르기까지 진로희망이 바뀌는 학생들은 비일비재합니다. 어쩌면 일관된 진로를 가진 학생들이 오히려 특수한 존재일지 모릅니다. 아이들은 매일같이 주변 환경과 새로운 지식의 영향을 받으며 자라고 있습니다. 이 시기에 아이들은 자신이 무엇을 잘하고 못하는지 적성뿐 아니라 실력에 대해서도 객관적으로 파악하고자 노력합니다. 또한 다양한 관심사 속에서 자신이 오랜 기간에 걸쳐 탐구하고 싶은 분야를 결정해나가야 하는 중요한 시기이기도 합니다. 대학에서도 이와 같은 사춘기의 과정적 특성을 충분히 이해하고 있습니다. 그러므로 부모가 더욱 신경 써야 할 부분은 아이가 일관된 진로를 가지지 못했다면 그 이유는 무엇인지 그리고 지금의 진로를 결정하기까지의 과정에서 발전한 아이의 가능성은 무엇인지를 설명해내는 일일 것입니다. 부모란 아이가 진로에 대해 쏟은 고민의 시간을 직접 지켜본 사람들이니까요.

진로를 찾는 일은 앞으로 수십 년을 더 살아갈 우리 아이가 자신에게 적합하고 행복해질 수 있는 일을 찾는 과정입니다. 그러므로 부모의 역할은 아이가 자신이 하고 싶은 일을 찾아가는 과정을 함께 겪을 준비를 하는 것입니다. 다소 더디더라도 말이죠.

진로희망을 정하는 것만큼 탐색하는 과정도 의미 있습니다.

▌ 자신만의 스토리로 입시에 성공한 시현이

시현이는 고등학교 입학 때부터 공대를 희망하던 학생이었습니다. 국어, 영어와 같은 과목에 비해 수학, 과학 과목에 대한 이해가 빨랐습니다. 고등학생들이 으레 그렇듯 시현이 역시 잘 나오는 성적에 맞춰 공대 진학을 원한다고 생각했지만 아니었습니다. 시현이의 꿈은 이미 중학교 때부터 전자공학자였기 때문입니다. 고등학교에 와서는 대학원에 진학해서 사람들에게 도움이 되는 연구자가 되고 싶다는 이야기를 줄곧 했었습니다.

기초 과목이 주로 편성되어 있는 1학년 때 시현이는 수학 및 통합과학 과목에서 1등급을 받았지만, 국어와 영어 과목에서는 상대적으로 낮은 4등급을 받았습니다. 그렇다고 국어와 영어를 포기하는 소위 '국포자'나 '영포자'는 아니었습니다. 국어와 영어 성적이 잘 나오지 않아 속상해할 때도 있었지만, 매 수업마다 열심히 공부했고 선생님들과의 관계도 좋았습니다.

시현이는 2학년에 올라가 물리I, 화학I, 생물I, 지구과학I 네 개 영역의 과학 과목을 선택해 수강했습니다. 공부할 내용이 만만치 않은 과목들이라 아무리 이과 계열을 희망하더라도 네 개 과목을 모두 수강하는 건 쉬운 일이 아닙니다. 시현이는 공대 진학을 위한 기초를 쌓고자 네 개 과목을 전부 신청했다고 했습니다. 열심히 노력한 결과, 시현이는 네 개 과목에서 모두 우수한 성적을 받았습니다.

이 성적은 3학년에도 이어졌습니다. 수학 및 과학 계열의 진로 선택과목을 고루 수강했고, 해당 과목에서 A등급을 받은 것은 물론, 1학기 내신 성적에서도 전체 1등급이라는 좋은 성적을 받았습니다. 2학년 때 열심히 해둔 공부가 3학년에 와서 더욱 빛을 발한 셈입니다. 결국 시현이는 고등학교 3년간의 전체적인 교육 과정 내에서 본인이 희망하는 진로에 관련된 모든 과학 과목을 우수한 성적으로 이수하게 되었습니다.

시현이의 선택은 본질적으로 과학에 대한 열정과 성실한 배움의 자세 덕분이었습니다. 그것이 우수한 성적을 거둘 수 있다는 확신과 다짐으로 시현이를 이끌어주었죠. 시현이의 생기부를 본 사람이라면 누구라도 그녀의 과학 사랑을 발견할 수밖에 없었을 것입니다. 시현이의 과학 사랑은 동아리 발표대회에서도 느낄 수 있었습니다. 1, 2학년 때 시현이가 회장으로 활동했던 과학 동아리는 발표대회에서 각각 우수상과 최우수상을 수상했습니다. 대회의 바탕이 되었던 동아리활동을 시현이는 3년간 지속했습니다. 특히 친구와 후배들을 이끌며 과학 실험에 관한 주제들을 적극적으로 제시해나갔습니다. 그중 자신이 탐구할 주제를 정하고 조사 및 연구했던 내용은 생기부에 구체적으로 기록되었습니다. 시현이는 학급 자율활동에서도 과학과 관련된 행사를 주도적으로 진행했고, 그 과정과 결과들이 생기부에 존재했습니다. 자신이 잘하는 영역으로 학급 친구들을 도왔던 것이죠. 이를 바탕으로 시현이는 리더십과 학업 능력, 전공 적합성까지도 생기부에 풀어나가며 본인의 역량을 충분히 보여줄 수 있었습니다.

많은 학생이 자신이 좋아하고 잘하는 과목보다는 못하는 과목을 우려하며 의기소침해하는 경우가 많습니다. 전 과목에 노력을 골고루 배분하며 부족한 부분을 보완하는 일은 학생으로서 마땅히 필요한 일입니다. 그러나 진학하고자 하는 분야에 대한 관심과 공부가 기초가 되어야 한다는 점을 놓쳐서는 안 됩니다. 시현이가 자신만의 스토리를 창조해낸 것은 결코 우연이 아니었습니다. 성적에 흔들리지 않고 자신이 선택한 진로 분야에 대한 지적 탐구심과 호기심을 계속 유지해나갔기에 가능한 일이었습니다.

모든 학생에게는 저마다의 스토리가 존재합니다. 그리고 자기의 스토리는 오직 자신만이 만들 수 있습니다.

▌ 생기부에 수상 기록이 빽빽한 승희

중학생 승희는 교내 대회가 열리기만 하면 상을 받았습니다. 승희는 그림 그리기를 워낙 좋아해서 어렸을 때부터 그림을 그렸고, 중학생이 되어서도 취미로 틈틈이 그림을 그리고 있었습니다. 게다가 워낙 성실한 학생이어서 공지가 나오면 며칠 전부터 미리 대회 준비를 했습니다. 중학교에는 다양한 대회가 있습니다. 참가자의 20퍼센트를 시상하다 보니 승희처럼 특기가 있는 학생이라면 생기부의 수상 경력 기재란이 금세 빽빽해집니다. 그림뿐만이 아닙니다. 글짓기, 노래 부르기, 토론하기, 줄넘기 등 평소 꾸준히 단련한 특기가 있는 학생이라면 수상 가능성이 높습니다.

중학생들은 3학년이 되어 고입을 위한 내신 산출 점수를 받기 전까지는 다른 학생들과 성적을 비교하기 어렵습니다. 그렇다 보니 자신의 성적이 어느 정도 수준인지 파악하기도 어렵고, 공부를 잘하는 학생도 어렴풋하게 알고 있는 정도입니다. 하지만 수상 결과는 비밀이 아닙니다. 담임 선생님 입에서 이름이 호명되고, 다른 친구들의 박수와 부러움이 섞인 눈빛을 받으며 상장을 받는 학생들의 얼굴에는 자부심이 넘칩니다.

같은 반이었던 민우는 승희처럼 수상을 많이 하는 학생은 아니었지만 과학 수업 시간마다 돋보이는 학생이었습니다. 교과서에 처음 나오는 용어인데도 민우는 뜻을 정확히 알고 있는 경우가 많았습니다. 다른 과목 선생님들도 민우의 능력을 알고 있었습니다. 어느 날, 민우에게 선행 학습을 많이 했냐고 물어보았는데 민우의 답변은 의외였습니다. 초등학교 방학 때마다 한자 급수 시험을 준비한 덕분에 처음 보는 단어나 용어가 나오더라도 뜻을 유추할 수 있다고 했습니다. 친구들은 민우의 성적을 정확하게 알지 못했지만, 수업 시간 중

유일하게 정답을 말할 수 있는 민우를 부러워했습니다.

승희와 민우의 공통점은 두 아이 모두 어렸을 때부터 자신이 무엇을 좋아하고 잘하는지를 파악해 꾸준히 연습해왔다는 점입니다. 그렇게 탄탄하게 쌓아온 실력이 자신감을 가지고 학교생활을 하게 해주는 자산이 된 것입니다.

어렸을 때부터 자신이 잘하는 것이 무엇인지 알고, 꾸준히 단련한 학생들은 학교생활에서 자존감을 지킬 수 있는 특별한 무기를 갖게 됩니다.

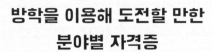

방학을 이용해 도전할 만한
분야별 자격증

초등학생 아이들이 느낀 성취감과 자신감은 성인이 되어서도 기억에 남을 만한 평생의 자산이 될 수 있습니다. 초등학생 시기에 아이들이 다양한 분야의 자격증에 도전하고 취득하는 과정은 자신감뿐 아니라 진로 탐색에도 도움이 됩니다. 다음은 초등학생이 취득할 수 있는 분야별 자격증들입니다. 아이들과 함께 살펴보고 맘에 드는 것을 골라 도전해보도록 응원해주세요.

① 역사

한국사 능력 시험은 1~6급까지 나눠져 있습니다. 현 교육 과정 기준으로 초등학교 5학년 2학기 사회 시간에 한국사를 한 학기 동안 배웁니다. 보통 초등학생은 3급을 목표로 준비하면 충분합니다.

② 영어

초등 영어 공인 인증 시험은 JET, TOEIC BRIDGE, TOSEL 등이 있습니다. 듣기, 읽기, 말하기, 쓰기 등 시험에 따라 평가 항목이 다르니 시험을 준비하기 전에 미리 확인해보세요.

③ 컴퓨터

ITQ 국가 공인 자격증(파워포인트, 한글, 엑셀, 인터넷 등 여덟 과목으로 진행), COS 코딩 활용 능력 평가(스크래치, 엔트리 블록코딩에 대한 프로그래밍 활용 능력 평가), 워드프로세서 자격증 등이 있습니다.

④ 한자

한자 능력 시험은 한국어문회와 대한검정회 등 국가 공인 자격 인정 시행처가 여섯 개 정도 있습니다. 보통 초등학생의 경우 8급에서 4급 정도까지 응시합니다.

⑤ 경제

주니어 TESAT는 경제 초보자들을 위한 국가 공인 자격증입니다. 경제에 대한 기본적인 개념과 금융 지식을 쌓는 데 많은 도움이 됩니다.

⑥ 수학

한국 수학 올림피아드(KMO), 한국 수학 경시대회(KMC), 전국 영어·수학 학력 경시대회 등 수학 급수 시험을 통해 수학적 사고력과 자신감을 키울 수 있습니다.

⑦ 체육

체육 관련 자격증으로 먼저 대한민국줄넘기협회에서 취득할 수 있는 줄넘기 자격증이 있습니다. 줄넘기는 급수 제도가 있어 줄넘기 방식, 횟수 등 정

해진 기준에 따라 급수를 올릴 수 있습니다. 국제 공인 스포츠인 태권도는 국
기원의 승품 심사를 거쳐 품증을 딸 수 있고, 해외에서도 인정됩니다. 스키
자격증은 총 10단계로 구성되어 있고, 7급 이상 수료 시 만 18세 성인이 되면
자동으로 레벨1 자격증을 취득할 수 있습니다.

PART6.
★ ★ ★

특기사항,
생기부의 비밀 병기

특기사항은 생기부에서
내신 성적만큼 중요합니다

특기사항 영역의 입시 반영 여부 및 반영 방법

평가 항목	고입(일반고)	고입(특목고)	대입(학종)	대입(정시)
자율활동 특기사항	반영 안 함	생기부 내용 제공	특기사항 내용을 점수화하고 면접에 활용	반영 안 함
동아리활동 특기사항				
진로활동 특기사항				
과목별 세부능력 및 특기사항				

내신이 수시에서 가장 중요한 역할을 하는 것은 맞지만, 그렇다고 합격 여부가 내신에 의해서만 결정되는 것은 아닙니다. 특히 학종 전형의 경우에는 내신 점수가 더 낮은 학생이 합격하는 경우도 흔히 발생합니다. 비교과 영역 중 내신 점수 차이를 뒤집어주는 생기부의 특별한 한 수는 바로 '특기사항'입니다.

특기사항은 창의적 체험활동 영역인 자율, 동아리, 진로활동 특기사항(241페이지 부록 참고)과 교과활동발달상황의 과세특, 개세특을 모두 포함합니다(242페이지 부록 참고). 특기사항은 말 그대로 학생의 특별한 능력을 나타냅니다. 입학사정관들이 궁금해하는 특별함은 자신의 진로를 구체화시키고자 하는 과정, 진로희망 분야에 대한 탐구 능력, 공동체와 어우러져 지내는 태도 같은 것입니다. 앞서 파트5 158 페이지에서 살펴본 진로희망과 연계된 각종 특기사항 사례는 특기사항이 기록되는 수준이 생각보다 높다는 사실을 보여줍니다. 이어지는 또 다른 사례들을 통해 왜 특기사항이 생기부의 비밀 병기인지, 내신 성적만큼 중요한지 확인해보겠습니다.

① 자율활동 특기사항

창의적 체험활동에 포함되는 항목으로 자율 특기사항은 학교나 학급 자율시간에 하는 활동을 다룹니다. 각종 특기사항 중에서 공동체 역량을 확인할 수 있는 가장 대표적인 부분인데, 학교 혹은 학급 내에서 진행하는 특색활동이 증가하면서 공동체 역량은 물론이고, 계열 역량이 드러나는 내용도 많아지고 있습니다. 단순히 자율시간에 수행한 활동뿐 아니라 학생이 학급에서 어떤 역할을 수행했는지, 학급에서 담임 선생님이 주최한 행사에서 어떤 역할을 담당했는지가 적혀 있습니다. 회장이나 부회장같이 드러나는 역할을 맡는 것도 중요하지만, 학급에서 자신에게 주어진 기회를 최대한 활용해 의미 있는 결과물을 만들어낼 수 있어야 합니다.

자율활동 특기사항 예시

자율활동 특기사항	… 학교 축제에서 학급 내 홍보부에 참여해 참신한 아이디어를 냄. 학급 부스 운영과 관련해 교실을 꾸미고 게임을 기획하는 과정에서 퀴즈를 직접 준비하며 협동심을 키워나가는 모습을 보임. 또한 릴레이 소설 쓰기를 제안해 학급의 분위기를 우호적으로 변화시키는 데에 기여함. 특히 본인이 담당한 부분에서 다문화 가정 아이의 상처를 섬세하게 묘사해 학급 친구들의 호응을 얻음.
	… 학급 회장으로서 또래 강의, 학급 월간지 발간 등 학급의 크고 작은 행사를 주관하며 강한 책임감과 리더십을 발휘함. 학급 프로젝트를 주도해 러시아와 우크라이나의 전쟁을 소주제로 선정한 후 전략적 요충지로서 크림 반도의 가치에 대해 분석함. 러시아와 우크라이나의 전쟁이 다양한 여성의 삶에 미치는 구체적인 영향에 대해 알려주는 인터뷰집인 '우리는 침묵할 수 없다'(윤영호 외)를 읽고 러시아와 우크라이나의 전쟁이 학급 친구들에게 미친 직접적인 영향에 대해 인터뷰한 내용을 정리해 학급에 게시함.

② 동아리활동 특기사항

창의적 체험활동에 포함되는 항목으로 학생의 관심과 흥미 분야를 보여주고 학생의 리더십, 도전 정신, 협업 능력, 탐구 능력 등 공동체 역량과 학업 능력을 동시에 확인할 수 있습니다. 동아리활동 특기사항에서는 진로희망과 관련된 동아리활동을 하면서 다른 사람과 더불어 지내는 모습을 보여주며 동시에 가치 있는 탐구 결과물을 만들어내는 것이 중요합니다.

명문대 생기부는 초등부터 시작된다

동아리활동 특기사항 예시

동아리활동 특기사항	도서부: … 학생 사서 역할을 맡아 인생 도서 소개, 주제별 추천 도서 목록 만들기 등 책 소개 독후활동에서 다양한 독서 경험을 바탕으로 적극적으로 참여했고, 이후 완성된 추천도서 목록을 도서관에 비치해 도서관 이용 학생들에게 도움을 줌. 또한 학생들의 독서 상황을 분석해 독서 증진 캠페인에 적극적으로 참여하고, 도서관 이벤트 및 축제 부스 운영 포스터를 작성하며 교내 도서관 홍보에 앞장서고 독서문화 증진에 기여함.
	통합과학반: … 동아리 시간에 관심 있는 친구들을 모아 양자 역학 프로젝트 조를 구성한 후 '아날로그 사이언스'(윤진)와 '김상욱의 양자 공부'(김상욱)를 함께 읽고 보어와 아인슈타인의 논쟁을 연극으로 꾸며 학생들 앞에서 연기한 후 청중의 찬사를 받음.

③ 진로활동 특기사항

창의적 체험활동에 포함되는 항목으로 자기소개서와 독서활동상황이 대입에 반영되지 않으면서 중요성이 강조되고 있는 영역입니다. 파트5에서 강조한 것처럼 스토리텔러 역할을 하는 진로는 생기부의 다른 항목과 연계되어야 합니다. 따라서 다양한 경험을 통해 진로 희망을 이루기 위한 노력을 구체적으로 드러내야 합니다.

진로활동 특기사항 예시

진로활동 특기사항	… 문학에 관심이 많은 친구들을 모아 진로 탐구 모둠활동을 진행함. 진로 탐구 모둠의 프로젝트로 레이먼드 카버의 '대성당'을 김연수 작가의 번역본과 원서로 함께 읽는 활동을 제안해 번역 작품의 문학적 가치에 대한 토론을 이끌었으며 '대성당' 속의 원문을 자신만의 문장으로 번역해 서로 비교해봄. 개인 심화활동으로 김연수 작가가 번역한 '달리기와 존재하기'를 원서와 비교해 읽고 원서 속 단어, 구문 등을 정리한 학습 자료를 만들어 학급 친구들과 공유함.
	… 진로 학습 종합 검사를 통해 자신의 학습 방법을 돌아보고 자신의 관심사와 적성을 비교하면서 학습 전략과 미래 진로에 대해 고민하는 시간을 가짐. 또한 이 검사에서 끈기가 강점으로, 리더십이 약점으로 나타남. 강점인 끈기를 이용해 스스로 공부하는 시간을 학습 플래너를 통해 늘려나갔으며, 단점인 리더십을 극복하기 위해 토론 활동에 주도적으로 참여하고, 멘토·멘티 프로그램에 참여해 전 과목 총괄 멘토를 담당하며 과목별 질문에 답하고 학급 내 학업 분위기를 성숙시키고 단점을 극복하고자 노력하는 모습을 보임.

④ 개인별 세부능력 및 특기사항(개세특)

과세특은 '과목별 세부능력 및 특기사항'의 줄임말로 교과학습발달상황의 한 부분이라 파트3에서 다뤘습니다. 과세특의 맨 마지막에 기록되는 개세특은 '개인별 세부능력 및 특기사항'의 줄임말로 학교마다 특색 있게 운영하는 자율적 교육 과정 시간에 이뤄진 범교과활동을 토대로 기록됩니다. 학교마다 차이가 있어 일반화하기는 어렵지만 융합 교과로 운영되는 교육 과정 속에서 자신이 희망하는 계열과 관련된 활동을 하는 경우 유의미한 특기사항이 됩니다.

개인별 세부능력 및 특기사항 예시

개인별 세부능력 및 특기사항	… 학생 주도 융합 프로그램에서 친구들과 함께 프로젝트 조를 만들어 '반도체 산업'을 주제로 탐구해 반도체의 종류, 제작 공정을 강의를 활용해 정리함. 개인 심화활동으로 '진짜 하루만에 이해하는 반도체 산업'(박진성)을 읽고 우리나라 반도체 산업의 현재와 미래에 대해 분석한 보고서를 제출함. 특히 기업별로 반도체 점유율과 수율, 특허권을 인포그래픽 자료로 만들어 비교하고 기업의 차이를 만들어내는 핵심 기술의 차이가 무엇인지 밝혀가는 탐구 과정이 돋보임.
	… 주제 중심 프로젝트에서 'MZ 세대'를 주제로 선정해 대중매체에서의 MZ 세대에 대한 부정적인 묘사를 탐구하며 미디어에서 비치는 정보를 해석하고 수용할 때 요구되는 바람직한 시각에 대해 본인 생각을 정리하고 발표함. 발표하는 과정에서 MZ 세대의 정의를 다각로로 이해하고, MZ 세대에 대한 잘못된 인식을 개선하기 위해 미래의 언론인으로서 인식 개선 캠페인을 추진하고 싶다는 포부를 밝힘.

예시들로 살펴본 것 같이 특기사항에서는 성적으로 수치화되어 나타나지 않는 학생의 탐구 능력과 생활 태도가 확실하게 드러납니다. 게다가 특기사항에서는 학업 능력뿐 아니라, 학생들의 공동체 역량이 담겨 있습니다. 고입, 대입에서 학생들의 학습 능력이나 계열 관련 능력 외에도 공동체와 더불어 살아갈 수 있는 능력을 살피는 데는 이유가 있습니다. 특목고나 대학교 역시 하나의 작은 사회로 구성원들과 더불어 성과를 낼 수 있는 인재가 필요하기 때문입니다. 결국 깊이 있는 탐구 능력과 함께 공동체와 살아갈 수 있는 능력이 더해져야 나만의 비밀 무기, 특기사항이 완성됩니다.

적극적인 태도로
학교생활을 해야 해요

학업 준비만으로도 벅찬데 이렇게 생기부에 평가 요소가 많다니요. 혹시 일찌감치 우리 아이는 학종 전형에 뽑힐 만한 인재가 될 수 없을 것 같으니 그냥 정시로 학교를 가야겠다고 마음을 먹은 것은 아니겠죠? 하지만 여러 번 강조했듯이 학종형 인재는 준비해서 되는 것이 아닙니다. 학교생활을 잘하다 보면 생기부가 잘 채워지고 그렇게 되면 학교에서 원하는 인재가 되는 것입니다.

학교생활을 잘하는 것이 가장 어렵다는 걱정이 들 수 있지만, 그렇지 않습니다. 초등학교 생활을 잘하는 것과 중고등학교 생활을 잘하는 것은 전혀 다르지 않습니다. 교실 내에서 자기에게 주어진 역할 성실히 해내기, 수업 시간에 집중해서 선생님의 말씀을 듣고 궁금한 점이 있을 때는 질문하며 자신의 배움을 채워가기, 친구들과 즐겁게 함께 어울려 학교생활 해나가기. 이렇게 써놓으니 앞서서 거창하게 적었던 평가 요소들이 생각보다 어렵지 않겠다는 생각이 들지 않나요?

명문대 생기부는 초등부터 시작된다

결국 초등학생 때 자신감을 가지고 학교생활을 한 친구들이 중고등학교 때도 마찬가지로 잘 지낼 수 있습니다. 그리고 그 결과가 생기부에 차곡차곡 쌓여나가는 것입니다.

▌학교생활을 잘하는 아이의 특징

초등학교에서 학교생활을 잘하는 어린이들은 어떤 모습으로 지내는지, 진짜 실력을 쌓아가는 어린이들은 어떤 특성이 있는지 살펴보겠습니다. 교실에서 아이들은 많은 시간을 친구들과 함께 합니다. 특히 이동 수업이 많은 중고등학생에 비해 초등학생들은 한 교실에서 담임 선생님, 친구들과 더 많은 시간을 보냅니다. 따라서 교실에서의 교우관계를 잘 유지하는 것이 초등학교 생활에서는 매우 중요합니다.

① 자신의 책임을 다하는 아이

중학년 이상의 학생들은 한 학기에 한 번씩 학급 내 부서, 1인 1역, 청소 당번을 정합니다. 이때 아이들이 선호하는 부서나 역할은 개수가 적기 때문에 많은 아이가 본인이 원하지 않는 일을 맡게 됩니다. 그런데도 자신이 맡은 일을 학기가 끝날 때까지 꾸준히 하는 친구들이 있습니다. 이런 친구들은 기본적으로 성실한 기질을 가지고 있거나 가정에서 성실성을 잘 연습해온 친구들입니다. 196페이지 표로 부서활동과 1인 1역에 무엇이 있는지 살펴보고 체크리스트로 아이가

부서활동 및 1인 1역 예시

부서활동
• 도서부: 교실 도서 정리 및 관리하기
• 미화부: 미술작품 게시 및 수거, 게시판 꾸미기
• 학습부: 숙제 나눠주기, 수업 시작 알려주기
• 체육부: 체육 준비물 챙기기, 정리하기
• 생활부: 생활 태도 점검하기

1인 1역			
• 시간표 관리	• 칠판 관리	• 타임키퍼(시간 안내)	• 교탁 주변 관리
• 식물에 물 주기	• 창문 닫기	• 우산꽂이 관리	• 보드게임 관리
• 소등하기	• 사물함 위 정리하기	• 화분 관리	• 일정 관리
• 숙제 나눠주기	• 우유 나눠주기	• 신발장 관리	• 급식 알리미

우리 아이 자율활동 체크리스트

☐ 학급에서 자신이 맡아서 하고 있는 일을 알고 있나요?

☐ 교실 바닥에 떨어진 쓰레기나 정리정돈이 필요한 곳을 스스로 치우기도 하나요?

☐ 선생님이 도움을 요청할 때 아이가 적극적으로 참여하는 편인가요?

☐ 아이의 학교생활에 부모님이 많은 관심을 갖고 있나요?

☐ 집에서 아이가 꾸준히 맡아서 하는 일이 있나요?

학급에서의 역할을 잘 수행하고 있는지 확인해보세요.

② 규칙이나 생활 태도를 잘 지키는 아이

규칙을 잘 지키는 친구들이 다른 친구들에게 인정을 받습니다. 그렇다면 교실에서 친구들에게 피해를 주는 행동에는 어떤 것들이 있을까요? 우리 아이가 혹여나 다른 아이들에게 피해를 주고 있지는 않은지 궁금할 부모를 위해 아이들이 고쳐야 할 행동을 조금 구체적으로 살펴보겠습니다.

- 잘 씻지 않아 냄새가 나는 상태
- 수업 시간에 자꾸만 지각하는 행동
- 밥을 먹을 때 바닥에 흘리거나 지저분하게 먹는 행동
- 코를 후비거나 코딱지를 먹는 행동
- 쉬는 시간이 아닌데 화장실을 자주 가는 행동
- 수업 시간에 떠들거나 장난치는 행동
- 자신의 생각을 크게 얘기해 수업 흐름에 방해되는 행동
- 준비물이나 교과서를 자주 챙겨오지 않는 행동
- 수업 시간에 손장난(지우개 가루 뭉치기, 낙서하기)하는 행동
- 친구의 몸에 손을 대는(꼬집거나, 만지거나, 때리는 일) 모든 행동
- 친구에게 함부로 말을 해 상처주는 행동
- 부정적인 말로 수업 분위기를 흐리는 행동
- 바닥에 쓰레기가 버려져 있어서 친구들에게 피해를 주는 행동
- 책상 위에 자기 물건을 너저분하게 둬 바닥에 소지품이 떨어지게 하는 행동
- 가방이 여기저기 돌아다녀서 친구들이 걸려 넘어질 수 있게 하는 행동
- 자신의 개인 물건을 교실 공용 공간에 널어두는 행동
- 책상 위에 쓰레기가 가득한 상태로 두는 행동
- 책상을 자나 칼로 파손하는 행동

생각보다 아이들이 친구들에게 피해를 줄 만한 행동들이 많습니다. 수업 시간에 손장난 정도는 할 수 있지 않을까 생각할 수도 있겠지만, 선생님이 손장난하지 말고 수업에 집중하라고 여러 번 말하는 일 자체가 다른 친구들에게는 피해가 됩니다. 수업의 흐름이 끊기고 여러 번 지적했음에도 행동의 교정이 이뤄지지 않으면 교사가 훈육을 하게 되는데 그 시간이 다른 친구들은 힘들 수 있습니다. 교사 입장에서는 이런 친구들은 더 칭찬해서 친구들에게 좋은 이미지를 심어주고 싶은데 행동 교정이 되지 않으면 어려움이 있습니다.

아이들이 규칙을 잘 따르기 위해서는 먼저 '욕구 지연 능력'이 필요합니다. 자기가 하고 싶은 것이 있어도 수업 시간에는 참을 수 있어야하고, 친구에게 하면 안 되는 행동은 하지 않아야 합니다. 그리고 두번째로 정리정돈을 하는 능력도 필요합니다. 물론 아이의 학년에 따라 선생님들이 요구하는 능력의 수준은 다릅니다. 하지만 어린 나이임에도 욕구 지연 능력, 정리정돈 능력이 높은 친구들이 분명 교실에는 있습니다. 이런 능력은 집에서 잘 연습됐을 때 학교생활에서도 드러나게 됩니다. 그럼 우리 아이는 집에서 좋은 생활 태도를 잘 준비하고 있는지 한번 점검해볼까요?

우리 아이 생활 태도 체크리스트

☐ 아이가 밥을 먹을 때 깨끗하게 먹고 그릇도 싱크대에 잘 갖다 두나요?

☐ 자신이 먹은 간식 쓰레기나 물건을 산 후 나온 쓰레기를 쓰레기통에 버리나요?

☐ 자신이 하고 싶은 일을 즉각적으로 하지 않아도 참을 수 있나요?

☐ 아이의 공간을 스스로 주기적으로 치우려고 노력하나요?

☐ 자신의 물건을 잘 챙기려고 노력하나요?

☐ 긍정적인 말을 하는 편인가요?

▌모둠학습을 통해 키우는 협동심

초등학생의 수업 시간은 40분입니다. 선생님의 설명만으로는 아이들이 수업에 집중하기 어려워서 교사들은 게임이나 모둠학습 등 다양한 방식으로 수업을 진행합니다. 모둠학습은 보통 고학년 때 진행하는 수업 방식으로 제시된 문제를 함께 해결하기, 연극 발표하기 등 여러 활동을 할 수 있습니다. 모둠학습을 한번 해보면 아이들이 평소 어떤 성격을 가지고 있는지, 학습에 어떤 태도를 보이는지를 쉽게 파악할 수 있습니다. 모둠학습에 참여하는 아이들의 모습은 천차만별입니다. 친구들의 의견에 부정적인 말을 하며 다른 친구들의 기분을 상하게 하는 아이, 집중하지 않고 계속 장난을 치며 다른 친구들에게 피해를 주는 아이, 사소한 의견 충돌에 화를 내는 아이 등등이 모둠학습을 방해하는 학생들의 대표적인 모습입니다.

그럼 어떤 친구들이 모둠학습을 잘할까요? 반대로 생각하면 됩니다. 친구들의 의견에 긍정적으로 반응해주고 집중하며 활동을 잘 이끌어가는 아이, 의견이 맞지 않더라도 화내기보다 잘 조율하는 아이입니다. 필요할 때는 리더십을 가지고 모둠을 이끌기도 하고, 집중력을 가지고 모둠에 주어진 일들을 해나가는 능력이 필요합니다. 또 소통 능력도 매우 중요합니다. 평소 우리 아이의 집중하는 방식, 친구들과의 소통 방식, 가족과의 회의하는 방식 등을 눈여겨 보면 아이가 모둠학습에서 어떤 태도로 참여할지 가늠할 수 있습니다.

▎ 반장으로 뽑히는 아이들의 공통점

초등학생 아이들이 어른들 눈에는 아직 어리게만 보여도 학급 리더인 반장을 뽑을 때 보면 아이들은 생각보다 냉철합니다. 반장에 입후보한 친구들의 여러 장단점을 고려해 자신들이 진짜 반장감이라고 생각하는 친구를 뽑습니다. 그중 아이들이 생각하는 가장 중요한 반장의 조건은 다른 친구를 배려하고 경청하는 것입니다. 자신의 것을 나눠주거나 양보하는 아이, 친구를 배려하는 아이는 친구들의 눈에도 띄기 마련입니다.

반장이 아니더라도 아이가 학교에서 앞장서서 할 수 있는 일들은 많습니다. 이때, 무엇보다 '제가 하겠습니다'라고 말하는 태도가 중요합니다. 그런 적극적인 모습을 보이면 선생님도 아이에게 하나라도 더 역할을 주려고 노력하게 됩니다. 그렇게 친구들 앞에서 나서본 경험이 아이에게 자신감을 더해줍니다. 아이가 가진 기질이 내향적이어서 걱정될 수 있지만 내향적인 아이들도 충분히 적극적으로 학교생활을 할 수 있습니다.

이처럼 아이들이 적극적인 태도로 학교생활을 하도록 돕기 위해서는 먼저 정서적 안정감을 줘야 합니다. 가정의 불화나 과도한 사교육은 아이를 무기력하게 만듭니다. 또 부모가 아이의 학교생활에 관심을 가져야 합니다. 아이가 학교 이야기를 할 때 열심히 들어주고, 아이가 학교에서 어떤 일을 맡았을 때 작은 일이라도 적극적으로 칭찬해주세요. 그러면 아이도 학교에서의 경험을 더욱 가치 있게 여기게 됩니다.

과제 집착력, 창의력, 탐구력 등
아이의 능력을 키워주세요

초등학교 교사는 교실에서 아이들과 많은 시간을 함께 생활합니다. 오랜 시간 지켜본 결과, 아이들의 진면목은 성적이 아니라 성실한 태도에서 나온다는 걸 알게 됐습니다. 의욕을 가지고 도전하는 아이, 같은 과제를 주어도 새로운 방향으로 문제를 해결해나가는 아이, 다른 친구들보다 더 넓은 시야를 가지고 있는 아이 그리고 어려움이 생겼을 때에도 좌절하지 않고 계속 도전하며 성장하는 아이. 결국 이런 아이들이 중고등학생이 되어서도 꾸준히 좋은 성취를 이뤄냅니다. 그렇다면 이런 아이들은 어떤 공통점을 가지고 있는지 함께 살펴보겠습니다.

▌스스로 문제를 해결해내는 '과제 집착력'

영재들에게는 몇 가지 특징이 있습니다. '집착을 잘한다', '배우는 것을 좋아한다', '추측을 잘한다', '질문을 많이 한다' 등이 공통적으로 가지고 있는 특징입니다. 이 중 '집착을 잘한다'라는 특징은 '과제 집착력'과 연결됩니다. 과제 집착력을 가진 아이들은 누구의 도움도 받지 않고 인내심을 가지고 스스로 과제를 해결하기 위해 노력합니다. 그 과정 속에서 아이들의 창의력 또한 성장합니다. 이런 아이들은 어려운 일을 맞닥뜨려도 포기하지 않고 문제를 해결해내려는 내면의 힘을 가지고 있습니다. 이 힘은 바로 자신에 대한 믿음, 즉 자신감에서 나옵니다.

과제 집착력을 키워주기 위해서는 아이가 자신의 수준보다 조금 더 난이도가 높은 문제에 도전하고 성취해낸 경험이 필요합니다. 조금 어려운 과제일지라도 끝까지 해내는 경험 자체가 중요합니다. 꼭 공부가 아니어도 괜찮습니다. 안전한 온실 속에 아이를 두기보다 한번도 해보지 않았던 새로운 경험, 어렵지만 끝까지 해내는 성공 경험을 반복하도록 도와야 합니다. 또한 아이를 칭찬할 때 결과에 대한 칭찬이 아닌 노력한 과정을 칭찬해준다면 아이도 어려움을 극복해나가는 과정의 성취감을 즐거워하며 계속해서 도전을 이어나갈 것입니다.

▌지식을 확장하며 발달하는 '창의력'

영재교육에서 말하는 영재란 기존에 알고 있던 지식을 이용해 새로운 창의물을 만들어내는 아이를 가리킨다고 합니다. 창의력은 뇌속 뉴런(신경세포)들이 시냅스(신경세포접합부)를 통해 서로 연결되고 정보를 활발하게 교환할수록 발달한다고 합니다. 이는 지식이 많을수록 시냅스가 정교하게 연결되면서 아이들의 창의력은 더 높아진다는 뜻입니다. 따라서 아이들이 풍부한 지식을 바탕으로 지식 연결망을 확장하도록 돕는 것이 중요합니다.

초등학생이 지식 연결망을 넓히는 첫 번째 방법은 여행입니다. 여행을 통해 경험을 확장함으로써 아이의 뇌가 발달하고, 더 나아가 학교에서 배운 내용을 여행지에서 직접 체험한다면 그 내용은 머릿속에 더욱 각인될 것입니다. 두 번째 방법은 독서입니다. 과학 잡지, 어린이 신문, 위인전 등 다양한 분야와 형식의 책으로 지식을 확장할 수 있습니다. 아이가 관심 있는 주제에 대한 다양한 체험과 독서를 통해 지식을 확장하는 과정에서 아이의 지적 탐구력까지 발달합니다.

▌어려움을 극복해내는 '회복 탄력성'

예전에는 학교에서 아이들이 어려운 일을 겪었을 때 부모님의 개입이 크지 않았습니다. 하지만 요즘은 아이들이 스스로 해쳐나가야 할 문제를 부모님이 대신 해결해주는 경우가 많습니다. 하지만 아이가 스스로 어려움을 극복할 기회를 뺏지 말아주세요. 이런 경험을 통해 아이들은 회복 탄력성을 키웁니다. 회복 탄력성이란 스트레스나 역경에 적극적으로 대처하고 시련을 견뎌내는 능력을 뜻합니다. 회복 탄력성이 높은 아이는 실패에서도 의연한 태도를 가질 수 있습니다. 예를 들어 반장 선거에 나갔다가 떨어져도 도전한 그 자체를 스스로 대견하게 생각할 수 있습니다. 부모 역시 결과보다 시도를 칭찬해줌으로써 아이는 또 다른 도전을 이어갈 수 있습니다.

요즘 중고등학교에는 학교를 그만두는 아이들이 꽤 많다고 합니다. 학년이 올라갈수록 아이들은 더 많은 어려움을 맞닥뜨리게 되고, 초등학생 때와는 달리 모든 일들을 스스로 해결해야 합니다. 하지만 회복 탄력성이 낮은 아이일수록 작은 일에도 쉽게 포기하고 무너지게 됩니다. 따라서 부모가 도움을 줄 수 있는 초등 시기에 아이가 회복 탄력성을 키울 수 있게 도와주세요. 평소에 학교생활을 잘하던 아이도 예기치 못한 어려움을 겪을 때가 있습니다. 이때 부모님이 개입해서 모든 문제를 해결해주려고 하기보다는 격려와 응원으로 아이를 지지하며 기다려줘야 합니다. 예를 들어 아이가 실내화를 챙겨가지 않았다면 가져다주지 않고, 스스로 불편함을 느껴보도록 해주세요. 그래야 다음에는 자신의 물건을 잘 챙길 힘이 생기니까요. 이때 중요한 것은 부모가 조급해하지 않고 아이가 스스로 해낼 수 있도록 충분한 시간을 가지고 기다려주는 것입니다.

▌ 독서와 글쓰기로 훈련하는 '사고력'

현재 아이가 배우고 있는 교과 내용을 직간접적으로 경험했을 때, 아이의 적극성이 달라집니다. 특히 아이가 배우는 내용에 대한 배경지식이 있을 때 수업 태도도 더 적극적이며 교사의 질문에 대한 대답의 수준도 높아집니다. 그럼 배경지식을 어떻게 늘려줄 수 있을까요? 가장 쉬운 방법은 독서입니다. 아이가 수업에 적극적이려면 어휘력, 사고력이 좋아야 합니다. 그 두 가지를 다 채워줄 수 있는 것이 바로 독서입니다. 수업을 하다 보면 하나의 질문에 다른 친구들보다 더 깊이 있는 대답을 하는 아이가 있습니다. 또 교과서에 제시된 학습활동을 할 때 다른 친구들이 생각하지 못한 결과물을 내는 아이들이 있습니다. 이런 아이들은 선행 학습을 많이 한 것이 아니라 대부분 독서를 통해 사고력이 잘 발달돼 있었습니다.

① 아이의 배경지식을 늘려주세요

명문가에서는 인문고전 독서를 할 때 책장마다 나라별, 시대별로 책을 구분해 꽂아둔다고 합니다. 아이가 나라별로, 시대별로 책을 읽으며 큰 흐름으로 지식을 받아들이고 사고를 확장할 수 있도록 한 것이죠. 이처럼 생각이 꼬리에 꼬리를 무는 지식의 연속성은 배경지식과 사고력을 넓히는데 아주 효과적입니다. 따라서 가정에서 독서를 통해 배경지식을 늘려주는 방법으로 '꼬리에 꼬리를 무는 독서법'을 추천합니다. 끊임없이 이어지는 질문을 통해 생각을 확장하는 독서법으로 사고력과 배경지식을 함께 쌓을 수 있습니다.

더불어 독서 외에도 다양한 매체를 활용해 아이들은 배경지식을 쌓을 수 있습니다. 우리 아이들이 살아가는 시대는 책으로만 지식을 전달하는 때가 아닙니다. 지나치지만 않다면 텔레비전, 영화, 다큐멘터리, 인터넷 검색, 뉴스, 잡지, 유튜브 등을 충분히 활용할 수 있습니다. 다양한 매체를 활용한다면 하나의 책을 읽더라도 주제를 넘나들며 확산적 사고를 할 수 있습니다. 필요한 부분, 궁금한 부분을 다른 책이나 매체에서 찾아 읽는 훈련이 습관이 된다면 자연스럽게 융합적 사고를 할 수 있게 됩니다.

처음부터 무리할 필요는 없습니다. 독서 습관을 잡고 글밥을 늘려나갈 때까지는 '재미'에 초점을 맞춰 책 읽기의 즐거움을 먼저 느낄 수 있도록 해주세요. 그런 다음 궁금하거나 관심 있는 분야의 주제를 지식책을 통해 읽기 시작하면 됩니다. 이때 함께 책을 읽으며 "어떻게 전쟁이 일어나게 되었는지 궁금하다", "이 환경운동가는 어쩌다가 UN에서 연설을 하게 되었을까?"와 같이 궁금증을 유발하는 질문을 곁들이면 자연스럽게 다른 분야의 주제로 관심이 확장됩니다. 이것이 바로 꼬리에 꼬리를 무는 독서입니다.

이러한 배경지식 확장에는 두 가지 장점이 있습니다. 첫 번째, 수업 내용에 배경지식을 바탕으로 좋은 대답과 좋은 결과물을 산출할 수 있습니다. 두 번째, 학습과 배움의 주인공이 '내'가 될 수 있습니다. 학습의 주인공이 누구인지, 조금 더 나아가 인생의 주인공이 누구인지 알고 있는 아이들이 결국 학교에서 환하게 빛납니다.

꼬리에 꼬리를 무는 독서법 예시

수안이는 《안네의 일기》를 읽고, 세계 제2차대전을 다룬 영화 <인생은 아름다워>를 봤습니다. 그 후 세계 제2차대전의 결과와 독일의 통일 과정이 궁금해져서 독일의 역사를 다룬 책을 찾아 읽었습니다. 수안이는 독일의 수도인 베를린의 위치와 도시 환경이 궁금해졌습니다. 그래서 여행 다큐멘터리 <걸어서 세계 속으로> 베를린 편을 찾아 봤습니다. 뒤이어 여행 유튜버가 독일의 다른 도시를 여행하는 브이로그까지 살펴봅니다.

② 자기표현 능력을 키우는 글쓰기는 많이 경험하게 해주세요

'가랑비에 옷 젖는다'라는 표현은 초등학생에게 가장 적합한 말입니다. 가랑비에 옷 젖듯 매일 조금씩 글쓰기 연습을 하면서 자기표현 능력을 쌓아갈 수 있습니다. 아이의 글을 읽고 시간을 들여 첨삭하지 않아도 됩니다. 저학년 시절부터 꾸준히, 많이 써보는 것이 중요합니다. 그리고 좋은 글의 예시를 읽어주고, 아이가 잘 쓴 글을 칭찬해주세요. 이 세 가지만 해주면 글 쓰는 것 자체에 대한 두려움이 많이 해소됩니다. 평소에 바쁘다면 주말, 방학을 이용해서라도 기억에 남는 일을 일기에 써보게 합니다.

학년이 올라갈수록 글을 많이 써본 친구들은 표현력이 다릅니다. 그런 점에서 좋은 글을 읽고 자신의 생각을 더해 쓰는 독서 기록은 아이들에게 중요한 글쓰기입니다. 책을 읽은 것에서 끝내지 않고 기록을 하면 책 내용이 더욱 잘 이해되고 기억에도 오래 남습니다. 주 1회, 아이와 함께 책을 읽고 독서 기록을 하면서 습관으로 만들어주세요. 책을 읽을 때는 부모님과 함께 읽으면 더욱 좋습니다. 자기 전에 10분

명문대 생기부는 초등부터 시작된다

씩, 일주일 동안 읽고 주말에 독서 기록을 남기는 것도 좋은 방법입니다. 아이는 부모님과 함께 책을 읽으며 정서적으로 안정감을 느끼고 책에도 흥미를 갖게 됩니다. 초·중·고등학생 시기에 독서 기록을 포트폴리오로 남겨두면 나중에 생기부에 기록하는 등 실제적으로도 도움이 되고 아이의 독서 자신감도 키울 수 있습니다.

③ 보고서 쓰기에 익숙해지게 해주세요

초등학생에게 '보고서'는 생각보다 어렵게 느껴질 수 있습니다. 그래서 초등학생 수준으로 쉽고 다양한 양식의 보고서를 경험해보면 좋습니다. 초등학생 수준에서 쓸 수 있는 보고서에는 여러 가지가 있습니다. 대표적으로 체험학습 보고서, 조사 탐구 보고서, 견학 보고서, 관찰 보고서가 있습니다.

여행을 다녀와서 체험학습 보고서를 쓸 때도 아이가 직접 작성하게 해주세요. 처음엔 부모님이 함께 써주면서 방향을 잡아줄 수 있습니다. 아이와 보고서에 어떤 내용이 들어갈지 상의해보고 가능하면 정성껏 써보게 합니다. 그 외에도 아이가 관심 있는 분야를 조사하거나, 관찰한 내용을 보고서로 작성하도록 할 수 있습니다. 아이가 작성한 보고서를 꾸준히 모으다 보면 아이의 관심 분야에 대한 포트폴리오를 만들 수 있습니다. 이 과정에서 초등학생 시기에 겪은 한 번의 성취 경험이 중고등학생 시절의 열 번의 경험보다 더 오래 아이에게 자신감으로 각인되어 남습니다.

남다른 학교생활로
특기사항을 채운 아이들

사 례

▌책임감 있는 학급활동으로 인정 받은 유정이

3월 학기 초에는 학급 담당 역할을 정하게 됩니다. 학생들은 1인 1역을 맡아서 학급에 기여하는 활동을 1년간 수행해나갑니다. 이 역할들은 학기에 따라, 학급 분위기에 따라 일 년에 두세 차례 바뀌는 경우도 있습니다. 학급 내 학생들의 활동은 생기부 자율활동의 기초 자료가 됩니다.

학급 담당 역할에도 호불호가 있습니다. 당연히 시간을 많이 뺏기거나 힘이 드는 일은 선호도가 낮습니다. 예를 들면 아침마다 우유 급식을 교실로 가져오는 일, 지저분한 학급 쓰레기통을 비우는 일이 그렇습니다. 또한 학교마다 사정이 다르긴 하지만 아침에 스마트폰을 걷는 학교라면, 이 역할을 맡은 학생들이 또 많은 고생을 합니다. 학급 학생들의 스마트폰을 전부 모으면 무게가 상당한 데다, 누가 제출을 했는지 일일이 체크를 해야 하므로 책임감이 따르는 일입니다. 칠판을 사용하는 일이 예전보다는 줄었다고는 하지만, 여전히 판서는 중요한 교습 방식 중 하나입니다. 요즘은 학교에서 이동 수업도 자주 이뤄지는데, 쉬는 시간을 할애해서 다음 수업을 준비하기 위해 칠판을 정리하는 역할 역시 매우 품이 많이 드는 일입니다. 따라서 학급 내 개인 역할은 선행상이나 모범상처럼 인성이 우수한 학생들의 추천 근거가 되기도 합니다.

유정이는 처음 고등학교에 입학했을 때 조용한 성격의 친구였습니다. 3월 학기 초에는 학생들의 적응을 위해 보통 번호순대로 자리를 지정하는데 키도 작고 가녀린 체구의 유정이는 교실 뒤쪽에 앉아 조용히 수업에 참여했습니다. 그런 유정이의 적극성을 본 것은 학급 담당 역할을 바꿀 때였습니다. 칠판 담당 역할을 아무도 맡지 않으려고 할 때, 유정이가 먼저 자신이 하고 싶다며 손을 들었습니다. 그렇게 시작된 유정이의 칠판 닦기는 한 학기가 끝나고 나서도 계속되었습니다. 아무도 유정이처럼 칠판을 정리할 수 없다는 걸 아이들이 쉽게 알아버렸기 때문입니다. 유정이가 매 수업 시간 후 책임감을 갖고 물지우개로 칠판을 닦고, 분필을 교탁 위에 갖춰놓는 모습을 보면서 말이죠.

유정이는 학기 말에 같은 반 친구들의 추천으로 선행상을 받았습니다. 유정이의 입학할 당시의 성적은 평균이었지만 책임감 있는 모습에 선생님들과 친구들의 인정을 받으며 점점 밝아졌을 뿐 아니라 성적도 갈수록 향상되었습니다. 교실은 공부와 성적 외에도 학생 개

개인의 성격과 기질이 드러나는 곳입니다. 학생들이 자신이 맡은 역할을 완수해나가며 성장을 거듭할 때 그 과정은 생기부에 기록됩니다.

성적뿐 아니라 교실에서 하는 모든 활동이 생기부에 담깁니다.

▍ 반장으로서 탁월한 소통 능력을 보여주던 영주와 진현이

반장이나 회장 같은 임원을 아이가 덥석 하겠다고 하면 부모는 어떤 생각이 들까요? 기특하게 여기는 마음이 반, 힘들어하지는 않을지 우려하는 마음이 반일 것 같습니다. 맞습니다. 임원이란 분명 쉽지 않은 일입니다. 동시에 아이의 리더십을 성장시켜주는 중요한 역할을 하기도 합니다.

영주는 학교에서 이미 반장감이라고 소문이 나서 해마다 반장을 하는 친구였습니다. 초등학교 때부터 꾸준히 반장을 해왔던 경험이 풍부했습니다. 친구들에게 전달사항을 설명할 때 영주는 주저함이 없었습니다. 친구들이 맡은 일을 버거워할 때는 나서서 돕고, 자신의 수준에서 해결이 잘 되지 않을 때는 선생님께 설명하고 해결책을 강구했습니다. 선생님들께 먼저 학급에서 해야 할 일을 챙겨서 어떻게 하는 게 좋겠냐고 견해를 구하기도 했습니다.

이런 일들은 영주의 소통 능력에서 기인했습니다. 영주는 자신의 의견을 상대방에게 이유를 들어 설명할 줄 알았습니다. 대인관계가 좋고 논리적인 판단을 잘하므로 아이들은 영주의 의견을 잘 따랐습니다.

진현이는 아이들의 의견을 수용하는 반장이었습니다. 교실에서 자리를 바꾸는 일을 진행할 때 진현이는 자리 바꾸기 프로그램을 통해 무작위로 자리를 정하자는 기본 의견을 가지고 있었습니다. 프로그램을 돌리기 전에 아이들의 요구사항을 하나씩 옵션에 반영했습니다. 이 과정에서 나타난 불합리한 의견까지 무조건 수용하는 건 아니었습니다. 우려되는 점에 대해서는 자신의 의견도 보태며 학급 전체가 좋은 방향으로 규칙을 조정해나갔습니다. 그리고 세 번 정도 모의로 자리배정을 확인하며 문제점을 확인하고 모두에게 공유하는 과정을 거쳤습니다. 그 후에야 최종적으로 자리를 결정했습니다.

영주와 진현이는 성향이 전혀 다른 반장이었습니다. 하지만 두 아이들에게는 공통점이 있었습니다. 바로 '소통 능력'이 뛰어나다는 점입니다. 급우들의 의견을 수렴하고 경청하며 자신의 주관과 어울리는 결론을 도출해내는 태도. 선생님과 반 친구들 사이에서 의견을 조율하고, 자신의 생각을 논리적으로 설명하는 태도. 이 능력은 사회 속에서 우리 아이들이 살아가면서 꼭 갖춰야 할 능력 중 하나일 것입니다.

아이가 리더로 성장해나가는 과정은 쉽지 않습니다. 가정에서 충분히 대화하며 자신의 생각이 받아들여지는 경험을 해야 가능합니다. 또 친구들과도 의견을 조정하며, 갈등이 생겼을 때 이를 해소해나가는 과정도 부딪쳐봐야 합니다. 하지만 이러한 리더로서의 경험이 생활 속에서 긍정적으로 어우러질 때 우리 아이가 빛나는 건 당연한 일이겠죠.

다른 사람과 함께 어울리며 소통하는 능력은 생기부에서도 큰 역할을 합니다.

▌추천서 작성이 어렵지 않았던 주희

해마다 5월이 되면 중학교 수학, 과학 선생님들에게는 영재학교와 과학고 추천서를 부탁하는 학생들이 찾아옵니다. 영재학교와 과학고는 학교별로 추천서 양식이 다르고 일반적으로 질문에 대한 장문의 답변을 요구하기 때문에 추천서 작성은 교사 입장에서는 쉬운 일이 아닙니다. 게다가 3학년 때 학생을 처음 만난 경우는 더욱 난감합니다. 3월부터 석 달 남짓한 기간 동안의 수업만으로는 학생의 장점이나 특기를 파악하기가 어렵기 때문입니다. 그렇지만 모든 학생의 추천서 작성이 어려운 것은 아닙니다. 주희의 경우는 오히려 추천서 작성란의 글자 수가 너무 적어 아쉬웠던 학생이었습니다.

학교별로 문항의 종류가 다르기는 하지만 고입 추천서는 일반적으로 크게 학생의 수학, 과학 관련 학업 능력과 탐구 능력을 묻는 문항, 공동체 속에서 살아가는 학생의 태도에 대해 묻는 문항으로 나눌 수 있습니다. 영재학교와 과학고의 교사 추천서는 해가 갈수록 질문의

부산과학고등학교 2025학년도 교사 추천서 주관식 문항

수학 및 과학 각 영역에서 지원자의 뛰어난 점, 보완, 발전시켜야 할 점과 창의성 및 인성에 대한 의견 등을 구체적인 사례를 들어 자유롭게 기술해주십시오(띄어쓰기 포함 800자 이내, 단, 개조식으로 기술하셔도 무방합니다).

한성과학고등학교 2025학년도 교사 추천서 주관식 문항

수학 또는 과학 교과 영역에서 지원자의 특성을 나타내는 대표적인 사례를 구체적으로 서술해 주십시오(띄어쓰기 포함 400자 이내).

인성 또는 자기관리 영역에서 지원자의 특성을 나타내는 대표적인 사례를 구체적으로 서술해 주십시오(띄어쓰기 포함 300자 이내).

수가 줄어들고 작성해야 하는 답안의 글자 수도 줄어들고 있습니다. 생기부 자체가 교사가 쓰는 추천서의 역할을 대신할 수 있기 때문입니다.

주희의 추천서 작성이 쉬웠던 이유는 주희의 생기부 덕분이었습니다. 주희의 생기부 속에는 수학, 과학 학습 능력과 공동체 역량에 대한 구체적 사례가 과세특뿐 아니라 창의적 체험활동 특기사항에 빼곡하게 적혀 있었습니다.

생기부 특기사항은 학생의 능력을 보여주는 가장 강력한 자료입니다.

▌뛰어난 탐구 능력으로 특별한 특기사항을 만든 채원이

교사들이 생기부를 적을 때에는 항상 학생들이 수업 시간에 만들어낸 결과물이 바탕이 됩니다. 결과물은 발표 자료나, 학생이 만든 신문 기사일 수도 있지만 대부분 보고서 형태를 거쳐 최종 결과물이 완성됩니다.

고등학교 2학년이었던 채원이는 공학 계열의 진로희망을 가지고 있었습니다. 담임, 교과 담당, 동아리 담당 선생님은 채원이를 지도하며 한 학기 동안 많은 보고서를 받아볼 수 있었습니다. 채원이는 스스로 수학과 화학 분야에서 독창적인 주제를 뽑아 완성도 있는 보고서를 작성해낼 수 있는 학생이었습니다. 채원이는 관심 있는 분야의 책을 읽기도 하고, 검증된 유튜브 강의를 시청하면서 심화학습할 수 있는 주제를 뽑아낸다고 말했습니다. 채원이는 특기사항 작성을 위한 공부를 따로 하지는 않았습니다. 하지만 틈틈이 흥미가 있었던 수학 공식을 증명해보거나 과학 공부를 하며 의문이 드는 주제에 대해 논문을 찾아보기도 하면서 스스로 의문을 해결해나가는 과정을 즐겼습니다.

보고서를 작성하는 것은 학생이지만 보고서를 요약해서 생기부에 기록하는 것은 교사의 몫입니다. 고등학생들의 보고서에는 전공 분야와 관련된 깊이 있는 주제가 담기는 경우가 많기 때문에 이를 요약하는 일이 교사 입장에서는 쉽지 않습니다. 게다가 전문가가 아닌 학생들이 작성한 보고서는 내용을 해석하는 것조차 어려울 때가 많습니다. 그러나 채원이의 보고서는 전공과 관련 없는 교사가 읽더라도 이해하기가 어렵지 않을 정도로 잘 쓰여 있었습니다. 덕분에 채원이의 특기사항에는 채원이의 탐구 과정이 일목요연하게 담길 수 있었습니다.

최근에는 특기사항 때문에 학원에서 컨설팅을 받거나 사교육 기관에서 특기사항 주제를 선정해주는 일도 있다고 합니다. 하지만 사교육 업체에서 컨설팅을 받아온 학생들의 경우 특별한 특기사항을 작성해야 한다는 생각 때문인지 주제가 지나치게 어려운 경우도 있고, 그렇기 때문에 학생 스스로 주제를 완벽하게 이해하지 못하는 경우가 많습니다.

특별한 특기사항은 학생 스스로 만들 때 빛이 납니다. 학교에서 수업을 받은 사람도 학생이고, 그와 관련된 주제를 생각할 수 있는 사람도 학생 본인입니다. 스스로 이해하고 경험한 내용을 적었을 때 좋은 보고서가 나오는 건 당연합니다.

학습 과정 속에 자발적인 탐구 습관이 내재되어 있고, 탐구 결과를 결과물로 정리하는 연습이 되어 있어야 특기사항이 명확해집니다.

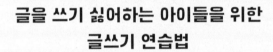

글을 쓰기 싫어하는 아이들을 위한
글쓰기 연습법

고등학교 특기 사항의 많은 부분이 교과 시간에 한 실험활동, 수행평가, 보고서 등을 바탕으로 기록됩니다. 그리고 학생의 지식과 생각을 가장 명확하게 평가할 수 있는 방법은 글입니다. 국어 영역(말하기·듣기·읽기·쓰기) 중 '쓰기'는 가장 고차원적인 활동입니다. 쓰기는 어려운 활동이기 때문에 많은 아이가 일주일에 한 번 쓰는 일기도 쓰기 싫어하는 경우가 많습니다. 그렇다면 글쓰기는 어디서부터 어떻게 시작해야 하는 걸까요? 초등 저학년 때 갖춰야 할 글쓰기의 기본에 대해 알아보겠습니다.

① 글씨 연습으로 아이의 경쟁력 쌓아주기

지필평가에서도 서술형 문항을 채점할 때 읽기 어려운 글씨 때문에 애를 먹는 경우가 많습니다. 아무리 정답이라도 삐뚤빼뚤한 글씨를 읽으며 평가하는 일은 베테랑 교사에게도 쉽지 않습니다. 반대로 바른 글씨로 또박또박 쓴 답을 보면 미소가 지어집니다. 바른 글씨 쓰기는 학교생활에서 매우 유용한 능력입니다.

바른 글씨 쓰기 TIP

- 삼각 교정 연필로 연필 쥐는 습관 잡기
- 자음은 작게 모음은 길게 쓰기
- 궁서체로 써보기

바른 글씨 쓰기 참고 교재

《하루 10분 또박또박 예쁜 글씨》, 유성영, 길벗

《바빠 초등 속담+따라 쓰기》, 호사라, 이지스에듀

《뚝딱! 저학년 바른 글씨》, 이유미, 서사원주니어

《하유정쌤의 초등 바른 글씨 트레이닝 북》, 하유정, 한빛라이프

② 일기 쓰기로 글쓰기에 익숙해지기

일기가 숙제가 아니라 내가 쓰는 '나의 역사책'이라는 느낌으로 접근하게 해주세요. 저학년 때는 그림일기, 중학년 때는 세 줄에서 열 줄 정도, 고학년 때는 자유 주제 일기로 차근차근 단계를 높여나가면 됩니다. 일기는 인생 처음 마음껏 내 생각을 펼치는 글입니다. 잘 쓴 글씨, 멋진 표현, 최고의 한 문장을 찾아 콕 짚어 칭찬해주세요. 글쓰기는 자신감에서 시작됩니다.

일기 쓰기 TIP

- '오늘은', '어제는', '나는'으로 시작하지 않기
- 좋아하는 일, 행복했던 일, 슬펐던 일 등에서 소재 찾기
- 일기 쓰기 전에 부모님과 일상 이야기 나누기
- 의성어, 의태어 한 번 이상 사용하기
- 큰따옴표 안에 대화 문장 하나 넣기
- '좋았다', '재밌었다'를 다양한 감정 단어로 바꾸기
- 독특한 제목 붙여보기

초등 일기 쓰기 참고 교재

《주제 일기쓰기》, 이은경, 상상아카데미
《이서윤쌤의 초등 글쓰기 처방전: 일기 쓰기》, 이서윤, 메가스터디북스
《아홉 살 마음 사전》, 박성우 글/김효은 그림, 창비
《아홉 살 느낌 사전》, 박성우 글/김효은 그림 창비

③ 독서록 작성하기

일기가 필수과목이라면 독서록은 선택과목입니다. 반드시 쓰지 않아도 되지만 일찍부터 독서 후 기록을 남겨두는 습관을 들이면, 언제든지 꺼내 볼 수 있는 나만의 '독서 포트폴리오'로 활용할 수 있습니다.

독서록 쓰기 TIP

- 시작 단계: 읽은 날짜, 책 제목, 저자, 책 속 한 줄 쓰기
- 발전 단계: 줄거리 세 줄 쓰기, 책 읽고 난 후의 생각, 느낌 쓰기
- 책에서 글감 찾기: 인물 관계도 그리기, 책 속 키워드 뽑기, 다른 친구에게 추천하고 싶은 이유 적기, 주인공이 다른 선택을 했다면 상상해보기, 내가 주인공이었다면 어땠을지 상상해보기, 책 제목 바꿔보기

초등 독서록 쓰기 참고 교재

《초등 짧은 글+긴 글 3단계 완주 독후감 쓰기》, 오현선, 서사원주니어
《미리 보고 개념 잡는 초등 독서감상문 쓰기》, 이재승, 최승환 글/이동희 그림, 미래엔아이세움

④ 보고서 쓰기의 시작, 체험학습 보고서 작성하기

교외체험학습을 다녀왔다면 반드시 제출해야 하는 것이 결과 보고서입니다. 출석으로 인정되는 중요한 서류이므로 책임감을 가지고 아이가 직접 쓰

도록 해주세요. 직접 보고서를 써야 하기 때문에 아이들은 체험학습에 더 적극적으로 임하게 됩니다. 그리고 체험학습을 '노는 시간'이 아닌 '배우고 탐구하는 시간'으로 인식할 수 있습니다.

체험학습 보고서 쓰기 TIP

- 체험학습 장소에서 티켓, 팸플릿 등 참고 자료 챙겨오기
- 보고서 작성하기 전에 전체적인 순서 떠올리기
- 시간과 공간의 특징이 드러나는 사진 출력하기
- 경험을 통해 느낀 점과 배운 점 정리하기
- 고학년의 경우 육하원칙에 따라 정리하기

초등 글쓰기 참고 교재

《세줄쓰기》, 이은경, 상상아카데미
《똑똑한 초등 글쓰기》, 신효원, 책장속북스
《뚝딱! 미니논술》, 오현선, 서사원주니어
《교과서가 쉬워지는 초등 논술 신문》, 배혜림, 청림Life

어른들도 당장 오늘의 일기나 이번 달에 읽은 책의 독서록, 휴가 때 다녀온 여행기를 작성할 때 앉은 자리에서 술술 글이 나오지는 않습니다. 아이들도 마찬가지입니다. 글쓰기 실력은 한 번에 나아지지 않습니다. 아이의 글쓰기에 과도한 목표를 설정해주기보다 학교생활을 하면서 다양한 글쓰기를 통해 내공을 쌓아나가도록 응원해주세요. 글을 쓰는 사람의 삶은 풍요로워집니다. 꼭 점수를 잘 받아 최고의 입시 결과를 얻기 위해서가 아니라 아이가 평생에 걸쳐 읽고 쓰는 삶을 살 수 있도록 응원해주세요. 지금부터 쌓아나가는 아이의 글쓰기 능력은 대입을 넘어 자신의 말과 글로 삶을 꾸려나가는 원동력이 될 것입니다.

PART7.
★ ★ ★

행동특성 및 종합의견,
생기부의 에필로그

행동특성 및 종합의견은
담임 교사의 애정이 담긴 추천서입니다

행동특성 및 종합의견 영역의 입시 반영 여부 및 반영 방법

고입(일반고)	고입(특목고)	대입(학종)	대입(정시)
반영 안 함	생기부 내용 제공	학업 역량, 계열 역량, 탐구 역량 등을 평가할 때 종합적으로 반영	반영 안 함

이 책의 마지막 파트에서 다루는 생기부의 항목은 '행동특성 및 종합 의견(244페이지 부록 참고)'이고 '행발' 또는 '행특'이라고 줄여 부르기 도 합니다. 입시에서 생기부의 중요성이 강조되면서 교사가 적어야 하는 행발의 분량은 점점 늘어나는 추세입니다. 부모 세대가 기억하 는 행발은 한두 문장 정도일지 모르지만 지금 학생들이 받게 되는 행 발은 1,500바이트(약 500자)를 꽉 채워 표현하는 한 편의 짧은 글이라 할 수 있습니다.

대입에서는 이제 추천서가 사라졌기 때문에 행발이 그 역할을 대 신하고 있습니다. 따라서 중학교나 고등학교에서 받은 3년간의 행발 은 담임 선생님들이 적은 세 편의 추천서이자 생기부라는 문서에서 는 에필로그 역할을 담당하고 있습니다. 행발에서는 생기부 전반에 나타난 학생의 특성을 다시 한번 짚어주고 학종 전형의 평가 요소인 학업 역량, 진로 역량, 공동체 역량을 요약해서 보여줍니다.

행발에는 학생에 대한 교사의 객관적인 평가가 들어 있기도 하지만, 학생을 향한 애정도 함께 담겨 있습니다. 담임 선생님 입장에서는 1년 동안 살핀 학생의 장점을 오롯이 담기 위해 한 자 한 자 공들여 고른 단어들로 글을 쓰게 되고요. 이 글을 보는 누군가가 내가 가르친 학생을 긍정적으로 봐주길 바라는 마음을 담아 작성합니다. 그렇기 때문에 학생들의 행발에는 부모님조차 미처 알지 못했던 학생의 장점들이 가득합니다.

담임 선생님 입장에서 행발을 쓰기 어려운 학생은 눈에 띄는 단점이 있는 학생이 아니라 장점도 단점도 뚜렷하게 드러나지 않는 학생입니다. 단점이 있더라도 자신만의 장점을 가지고 있는 학생들은 행발 칸이 가득 차게 됩니다. 생기부가 빛나는 학생들이라고 해서 모든 부분에 완벽한 것은 아닙니다. 하지만 생기부는 어떤 점이 더 부족한지를 보여주는 자료가 아닙니다. 오히려 장점을 극대화하는 자료입니다.

지금껏 우리가 살펴본 생기부의 각 항목들은 초등학교 생기부에도 동일하게 기록됩니다. 하지만 중고등학교와 비교해 초등학교의 생기부는 입시에 직접적으로 영향을 미치지 않고 성적 또한 수치나 등급으로 기록되지 않기 때문에 생기부 내용은 학생별로 크게 다르지 않습니다. 그렇지만 초등학교 생기부에서도 행발은 중요합니다. 초등학생의 행동특성도 중학교나 고등학교처럼 아이 한 명, 한 명에게 맞춤형으로 쓰이기 때문이죠. 학부모들이 두근거리는 마음으로 펼쳐볼 초등학교 성적표의 가장 마지막 부분에 적혀져 있는 내용이기도 합니다.

아이도, 부모도
긍정적인 마음으로 생활해요

학교에서 친구들과 선생님에게 받는 좋은 피드백이 아이의 행발로 연결됩니다. 우리 아이가 학교생활을 긍정적으로 잘한다면 생기부에도 그 모습은 그대로 기록됩니다. 아이의 긍정적인 학교생활을 위해서는 부모와 아이의 자존감이 가장 중요한 역할을 합니다. 따라서 부모님이 먼저 아이의 자존감을 키워주고 아이를 긍정적으로 바라보고 있는지를 확인하는 게 필요합니다. 이제 드디어 이 책의 마지막 체크리스트입니다. 227페이지의 체크리스트를 통해 아이를 대하는 부모님의 마음을 점검해봅시다.

우리 아이들은 대부분 잘 자라고 있습니다. 자신만의 꽃봉오리를 간직한 채 누군가는 빠르게, 누군가는 천천히 자신만의 꽃을 피우기 위해 자라나고 있습니다. 그리고 부모들도 아이들을 잘 키우고 있습니다. 아이들이 자신만의 속도로 자라는 것처럼 부모도 각자의 장점을 바탕으로 아이들을 키우고 있는 것입니다. 장점만 가진 사람도 단

우리 아이 자존감을 위한 부모 태도 체크리스트

☐ 우리 아이의 장점을 다섯 가지 이상 말할 수 있나요?

☐ 엄마는 엄마로서의 장점을 다섯 가지 이상 말할 수 있나요?

☐ 아빠는 아빠로서의 장점을 다섯 가지 이상 말할 수 있나요?

☐ 우리 아이는 부모님의 장점을 다섯 가지 이상 말할 수 있나요?

☐ 아이의 장점을 자주 말해주는 편인가요?

☐ 아이와 매일 10분 이상 대화하나요?

☐ 아이가 자신의 생활을 돌아보는 대화를 자주 하거나 일기를 쓰고 있나요?

☐ 아이가 잘하는 것을 더욱 잘하게 해주기 위해서 노력하나요?

점만 가진 사람도 없습니다. 아이들에게만 해당되는 이야기가 아니라 부모에게도 똑같이 적용됩니다. 부모님이 먼저 자신의 장점을 알고 긍정적으로 아이를 키워나갈 때 아이 역시 자존감이 높아질 수 있습니다. 자존감이 높은 아이들은 학교생활에서도 교사와 친구들에게 긍정적인 시선을 받을 수 있습니다.

▎아이의 마음이 어떤지 먼저 살펴봐주세요

가족은 세상에서 가장 소중하면서, 세상에서 가장 편한 존재이기도 합니다. 소중한 관계일수록 서로 간의 예의를 지켜야 하지만 학교에서 긴장하며 하루를 보낸 친구들이 집에 오면 부모님에게 짜증을 내기도 합니다. 아이가 짜증을 낼 때는 혼내기 전에 한 번만 생각해주세요. 아이가 배가 고프진 않은지, 피곤하거나 아프진 않은지, 학교에서 힘든 일이 있진 않았는지. 아이는 느끼지 못하지만 스트레스를 받고 있을 수도 있습니다. 심지어 학교생활을 잘하기 위해 너무 긴장한 나머지 힘들었던 마음이 집에서 쏟아져 나오는 경우도 있습니다. 먼저 아이를 살펴보고, 물어보고 마음을 편안하게 만들어주세요. 맛있는 간식을 주거나, 산책을 하며 분위기를 환기하는 것도 하나의 방법이 될 수 있습니다. 그 이후에 예의를 갖추고 각자의 생각과 감정을 말할 수 있도록 알려주면 됩니다.

▌평생의 자산이 될 자존감을 키워주세요

어려움이 있어도 이겨낼 수 있는 힘, 더 좋은 사람이 되고자 노력하는 힘, 내 자신을 안 좋은 길로 빠지지 않도록 지키는 힘. 모두 아이의 자존감으로부터 나옵니다. 아이의 자존감은 좋은 관계를 통해 더 크게 키울 수 있습니다. 그런 점에서 아이에게 가장 중요한 인물인 부모님과의 대화는 매우 중요합니다. 자존감을 키워주기 위해 가정에서 아이에게 해줄 수 있는 대화들이 있습니다. 아이의 탄생 일화, 아이의 좋은 특징, 부모님과 조부모님의 자랑할 만한 점, 아이가 가족들과 닮은 점 등을 말해주면 좋습니다. 그리고 엄마, 아빠 각자가 해야 할 가장 중요한 일이 있습니다. 서로의 장점을 아이 앞에서 많이 얘기하는 것입니다. 그런 모습을 보며 안정감을 느끼면 아이는 자신을 더욱 소중하게 생각하게 됩니다.

아이의 자존감을 높여주는 대화 방법으로 잠자리 대화도 있습니다. 잠자리 대화에서는 일상 속에서 나누는 대화보다 조금 더 속 깊은 대화를 나눌 수 있습니다. 자기 전에 아이를 안아주며 편안한 상황에서 대화해보세요. 오늘 내가 잘한 것, 반성하고 싶은 것 딱 두 가지만 가지고 얘기해도 충분합니다. 아이는 생각보다 자신의 부족한 점에 대해 잘 알고 있고, 어떻게 해야 할지 고민하고 있을지도 모릅니다. 이렇게 대화를 나누면 아이의 자존감도 자라고 자신의 삶을 통찰하는 힘도 생깁니다. 이렇게 키워진 자존감은 아이에게 평생의 자산이 됩니다.

▌ 부모님의 반응을 아이는 그대로 배워요

가끔 아이가 학교에서 겪은 일을 집에 와서 얘기할 때 아이의 말을 듣고 크게 화를 내거나 과민반응을 보이는 부모가 있습니다. 그런 아이는 자신이 겪은 일이 심각한 일이라고 인식합니다. 그렇다 보면 작은 일도 집에 와서 자꾸 얘기하고, 별것 아닌 일도 부풀려 이야기하기도 합니다. 부모가 자신의 이야기에 관심을 가지고 반응해주기 때문입니다. 또는 반대로 부모에게 점점 이야기를 하지 않게 되기도 합니다. 부모가 화를 내는 대상이 친구나 선생님이 되면 아이는 곤란해집니다. 친구와 선생님을 매일 만나야 하는데 그들에 대한 안 좋은 말을 들으면 아이의 마음은 편치 않을 것입니다.

부모의 대처 반응은 아이가 그대로 배웁니다. 부모의 민감한 반응을 보면 아이도 더 민감해집니다. 아이가 어려운 상황을 겪을 때, 차분하게 대화하며 다양한 사람들의 입장을 생각해보게 해주세요. 부모는 아이의 상황을 해결하는 것이 아니라 아이가 처한 상황을 이겨낼 수 있도록 지지하고 격려해줘야 합니다. 그래야 아이가 다른 사람의 입장에서 생각하는 능력이 자라고 회복 탄력성이 생깁니다.

사랑을 담아 아이를 지켜봐주는
교사와 학부모

— 사 례 —

▌행발을 쓰며 학생들 한 명 한 명을 떠올리는 교사, 김지은

고등학교 2학년 담임 교사인 김지은 선생님은 종업식을 하고 나서도 아직 생기부를 마무리하지 못했습니다. 오히려 겨울방학이 시작되고 나서야 본격적으로 지구과학I 과목을 수강한 학생들 120명의 과세특을 하나하나 적고 담임을 맡은 반 학생들의 자율, 동아리, 진로활동 특기사항을 마무리한 후 마지막으로 행발을 적기 시작했습니다.

1년 동안 학생들에 대한 정보를 구체적으로 기록해둔 누가기록이 있기 때문에 다른 영역보다 행발을 쉽게 적을 거라 생각할 수도 있지만 김지은 선생님을 비롯한 어떤 선생님도 행발을 쉽게 적지 못합니다. 단지 입시에 반영되는 항목이기 때문만은 아닙니다. 한정된 글자에 어떻게 하면 학생의 장점을 잘 담아낼 수 있을지, 그 학생만의 특성을 보여줄 수 있을지 고민이 되기 때문입니다.

김지은 선생님은 담임 반 학생들에게 학기 말이 되면 퀴즈를 냅니다. 행발 작성을 위해 적어 둔 학생들의 장점을 정리해 문제로 만든후 누구의 장점인지 맞춰보게 하는 것입니다. 학생들이 정답을 맞추는 것을 보면서 선생님의 눈에 보이는 장점을 다른 학생들도 똑같이느끼고 있다는 사실을 확인할 수 있었습니다.

김지은 선생님이 퀴즈를 내는 이유는 또 있습니다. 정답이 공개되었을 때 행발 속에 적힐 자신의 장점을 확인하며 '다른 사람들이 나를이렇게 좋게 생각하는구나' 하고 자랑스러워하는 아이들을 볼 수 있기 때문입니다.

김지은 선생님은 마감 전까지 생기부를 계속해서 수정할 예정입니다. 선생님의 문장 속에서 빛나는 학생들의 얼굴을 떠올리며, 훗날 생기부를 열람할 학생들이 자신의 고등학교 시절을 자랑스러워하면 좋겠다고 생각합니다.

행발에는 학생에 대한 교사의 사랑이 숨어 있습니다.

▍떨리는 마음으로 아이의 성적표를 확인하는 학부모, 한사랑

한사랑 씨의 아이는 올해 초등학교에 입학했습니다. 학교를 데려다주고 데려오는 길이 익숙해지려 하니 어느새 한 학기가 지나버렸습니다. 아이는 여름방학 안내문과 함께 성적표를 가져왔습니다. 한

사랑 씨는 두근두근 떨리는 마음으로 성적표를 열어보았습니다. 같은 초등학교에 다니는 선배 엄마에게 성적표에는 아이의 행발이 적혀 있다는 이야기를 들었기 때문입니다. 선생님은 우리 아이를 어떻게 생각하실지 몹시 궁금했습니다.

한사랑 씨는 아이를 키우며 항상 불안한 마음이 컸습니다. 주변의 아이들은 이것도 저것도 잘한다는 소리가 들리고, 어릴 때부터 시작해야 한다는 사교육 정보 때문에 우리 아이가 너무 늦은 것은 아닐까 고민하고는 했습니다. 혹시 엄마로서 놓치고 있는 부분이 있지는 않을까 육아서도 읽고 관련 강연도 들었습니다. 그럼에도 아이를 잘 키우고 있다는 자신감보다는 해줘야 하는 일들을 많이 놓치고 있다는 생각에 아이에게 늘 미안한 마음이 들었습니다.

떨리는 마음으로 성적표를 열어 본 한사랑 씨는 행발을 보고 깜짝 놀랐습니다. 그곳에는 아이의 장점이 빼곡하게 적혀 있었기 때문입니다. 우리 아이에게 이렇게 장점이 많았었나 싶은 생각이 들면서 괜시리 울컥하기도 했습니다.

행발에 적혀 있는 아이의 특성은 한사랑 씨도 잘 알고 있던 것들이었습니다. 부모로서 딱히 아이의 장점이라고 생각하지 않았던 것들까지 장점으로 적혀 있는 것을 보고 한사랑 씨가 깨달은 것이 있습니다. 초등학생은 초등학생에 맞는 기준으로 아이를 바라봐야 한다는 것입니다. 엄마가 가진 높은 기준이 우리 아이의 장점을 가리고 있었다는 사실을 깨달았습니다.

한사랑 씨는 행발 속 문장들을 보며 우리 아이가 내가 생각했던 것보다 더 훌륭한 아이라는 걸 알게 되었고 본인 역시 엄마 역할을 잘하고 있다는 자신감을 갖게 되었습니다.

아이들은 저마다의 장점을 가지고 잘 성장하고 있습니다. 그리고 부모 역시 각자의 장점으로 아이들을 잘 키우고 있습니다.

부모의 생기부
열람하기

최근에 자신의 생기부를 보는 것이 사람들 사이에서 유행한 적이 있었습니다. 생기부를 본 사람들은 나도 몰랐던 나의 어린 시절에 대한 선생님들의 기록을 통해 힘을 얻기도 하고 위로를 받았다고 합니다. 2004년 이후 졸업생이라면 누구나 쉽게 자신의 생기부를 열람할 수 있습니다. 부모님들도 자신의 생기부를 찾아 열람해보는 건 어떨까요? 생기부 속 행발을 읽어보며 열심히 살아온 지난날을 돌아보고 힘을 얻을 수 있을 것입니다.

생기부 열람 방법

- **정부24 열람 서비스**
  정부24 사이트(www.go.kr) 접속 → 검색창에 '학교생활기록부' 검색 → 발급하기
- **카카오톡 열람 서비스**
  카카오톡 접속 → 하단에 '더보기' 접속 → 상단 '지갑' 접속 → 상단의 '전자문서' 접속 →
  '전자증명서'에서 '학교생활기록부' 발급

바르고 당당하게
자기만의 길을 찾아가는 아이들

이 책은 '입시'라는 어려운 주제를 다루고 있지만 반드시 이렇게 해야 아이를 좋은 대학에 보낼 수 있다는 내용만 다룬 책은 아닙니다. 오히려 어떻게 해야 아이들이 학교생활을 잘할 수 있는지 알려주는 학교생활 설명서에 가깝습니다. 특히 '초등'과 '입시'라는 주제를 함께 다룬 이유는 초등학교에서부터 학교생활을 잘하는 아이가 입시에서도 성공한다는 확신이 있었기 때문입니다.

여러 번 강조했듯이 대학에서 요구하는 학생이 되기 위해 반드시 해야 하는 일이 따로 있는 것이 아닙니다. 학교생활에 충실하고 학생의 본분을 다하다 보면 생기부가 채워지고, 자연스럽게 대학에서 선발하고 싶은 학생이 되는 것입니다. 중고등학교에 다니는 자녀를 둔 학부모들이 본다면 현실과는 동떨어진 너무 교과서 같은 말이라 생각할 수도 있습니다. 하지만 선생님들은 실제로 그런 학생들을 학교 현장에서 많이 만나왔습니다.

입시 철이 되면 생기부 컨설팅을 받아오는 고등학생들이 많습니다. 어릴 때부터 학원에 다닌 아이들은 더 많습니다. 그렇지만 그 아이들 모두가 좋은 입시 결과를 얻는 것은 아닙니다. 이 책을 위해 저자들이 학교에서 빛나는 학생들의 특징을 모았고, 특히 중학교와 고등학교의 경우는 입시에서 성공한 학생들의 사례를 면밀하게 살펴봤습니다. 학교급에 관계없이 훌륭한 학생들이 가지고 있는 특성이 일치했으며, 심지어 대학에서도 저자들이 확인한 학생들의 특성을 평가 기준으로 삼는 것을 확인했습니다. 그건 바로 어린 시절부터 몸에 밴 좋은 습관과 태도입니다. 아이들이 성장할수록, 상급학교에 진학할수록 학교생활을 잘하기 위해서는 어린 시절부터 몸에 배어 있는 습관과 태도가 중요해집니다.

저자들은 모두 초중고 현직 선생님이면서 비슷한 또래의 자녀들을 키우는 엄마들이기도 합니다. 그렇다 보니 학부모의 입장에서 아이의 학업과 미래에 대해 궁금한 점들을 가지고 있었습니다. 그런 마음들이 모여 엄마 입장에서 궁금했던 점들을 서로 묻고, 또 교사 입장에서 충실히 답하며 책을 만들었습니다.

아이가 태어나서 걸음마를 하고 처음으로 말을 하던 기적 같은 순간들이 기억나나요? 한 걸음 한 걸음을 떼기 위해 잡아줬던 떨리던 손길과 옹알옹알 말을 시작하는 아이에게 수없이 읊어주던 단어들이 아직도 기억납니다. 아이를 키우는 과정에서 부모와 아이들은 매일매일 작은 기적들을 쌓아갑니다. 그리고 앞으로 우리가 만들어갈 작은 기적들은 대입이라는 열매로 끝나는 것이 아니라, 우리 아이를 멋진 어른으로 성장시켜 줄 씨앗이 될 거라고 확신합니다. 생기부와 입시라는 어려운 주제를 담고 있는 책이지만 우리 아이들이 바르고 당당하게 자신의 미래를 펼쳐나가길 바라는 마음을 가득 담았습니다. 아무쪼록 12년이라는 오랜 학업을 이어갈 학생들과 학부모님들의 긴 여정에 도움이 되는 책이 되길 바랍니다. 저자들 역시 한 명의 학부모로서 여러분과 함께 걸어가겠습니다.

부록

「학교생활기록 작성 및 관리지침」 교육부 훈령 제504호

[별지 제6호 서식]

학교생활세부사항기록부(학교생활기록부Ⅱ)

<고등학교>

졸업 대장 번호						사 진
학년＼구분	학과	반	번호	담임성명		3.5 ㎝ × 4.5 ㎝
1						
2						
3						

학년＼구분	전공·과정		비고
	1학기	2학기	
1			
2			
3			

1. 인적 · 학적사항

학생정보	성명 :　　　　성별 :　　　　주민등록번호 : 주소 :
학적사항	년　월　일　○○중학교 제3학년 졸업 년　월　일　□□고등학교 제1학년 입학
특기사항	

2. 출결상황

학년	수업일수	결석일수			지 각			조 퇴			결 과		
		질병	미인정	기타	질병	미인정	기타	질병	미인정	기타	질병	미인정	기타
1													
2													
3													

3. 수상경력

학년 (학기)		수 상 명	등급(위)	수상연월일	수여기관	참가대상 (참가인원)
1	1					
	2					
2	1					
	2					
3	1					
	2					

4. 자격증 취득 및 국가직무능력표준 이수상황

<자격증 취득상황>

구 분	명칭 또는 종류	번호 또는 내용	취득연월일	발급기관
자 격 증				

<국가직무능력표준 이수상황>

학년	학기	세분류	능력단위 (능력단위코드)	이수시간	원점수	성취도	비고

5. 학교폭력 조치상황 관리

학년	조치결정 일자	조치사항
1		
2		
3		

6. 창의적 체험활동상황

학년	창의적 체험활동상황			
	영역	시간	특기사항	
1	자율·자치활동			
	동아리활동		(자율동아리)	
	진로활동		희망분야	※ 상급학교 미제공
2	자율·자치활동			
	동아리활동		(자율동아리)	
	진로활동		희망분야	※ 상급학교 미제공
3	자율·자치활동			
	동아리활동		(자율동아리)	
	진로활동		희망분야	※ 상급학교 미제공

학년	봉사활동실적				
	일자 또는 기간	장소 또는 주관기관명	활동내용	시간	누계시간
1					
2					
3					

7. 교과학습발달상황

[1학년]

학기	교과	과목	학점	원점수/과목평균	성취도	성취도별 분포비율	석차 등급	수강자수	비고
1									
2									
이수학점 합계									

※ 성취도별 분포비율의 E비율 내에는 미이수자가 포함되어 있음

과 목	세부능력 및 특기사항

<체육·예술/과학탐구실험>

학기	교과	과목	학점	성취도	비고
1					
2					
이수학점 합계					

과 목	세부능력 및 특기사항

<교양교과>

학기	교과	과목	학점	이수여부	비고
1					
2					
이수학점 합계					

과 목	세부능력 및 특기사항

[2학년]

학기	교과	과목	학점	원점수/과목평균	성취도	성취도별 분포비율	석차 등급	수강자수	비고
1									
2									
이수학점 합계									

※ 성취도별 분포비율의 E비율 내에는 미이수자가 포함되어 있음

과 목	세부능력 및 특기사항

<체육·예술/과학탐구실험>

학기	교과	과목	학점	성취도	비고
1					
2					
이수학점 합계					

과 목	세부능력 및 특기사항

<교양교과>

학기	교과	과목	학점	이수여부	비고
1					
2					
이수학점 합계					

과 목	세부능력 및 특기사항

[3학년]

학기	교과	과목	학점	원점수/과목평균	성취도	성취도별 분포비율	석차등급	수강자수	비고
1									
2									
이수학점 합계									

※ 성취도별 분포비율의 E비율 내에는 미이수자가 포함되어 있음

과 목	세부능력 및 특기사항

<체육·예술/과학탐구실험>

학기	교과	과목	학점	성취도	비고
1					
2					
이수학점 합계					

과 목	세부능력 및 특기사항

<교양교과>

학기	교과	과목	학점	이수여부	비고
1					
2					
이수학점 합계					

과 목	세부능력 및 특기사항

8. 독서활동상황

학년	과목 또는 영역	독서 활동 상황
1		
2		
3		

9. 행동특성 및 종합의견

학년	행동특성 및 종합의견
1	
2	
3	

명문대 생기부는 초등부터 시작된다

중고학년 주제별 이야기책 추천 목록

주제	책 제목	지은이	출판사	출판연도	쪽수
나	위풍당당 여우 꼬리	손원평	창비	2021~	164
	차대기를 찾습니다	이금이	사계절	2021	136
	제로의 비밀 수첩 쉿!	강정연	사계절	2024	140
	5번 레인	은소홀	문학동네	2020	240
	황금성	리사 이	위즈덤하우스	2023	364
	축구왕 이채연	유우석	창비	2019	172
가족 이웃	불량한 자전거 여행	김남중	창비	2009~	230
	마당을 나온 암탉	황선미	사계절	2000	200
	푸른 사자 와니니	이현	창비	2015~	216
	긴긴밤	루리	문학동네	2021	144
	태구는 이웃들이 궁금하다	이선주	주니어RHK	2023	132
사랑	어쩌다 삼각관계	은정	마주별	2021	156
	사랑이 훅!	진형민	창비	2018	144
	연두맛 사랑	문인혜	길벗어린이	2021	144
	열두 살, 사랑하는 나	이나영	해와나무	2017	168
	고백 시대	정이립	미래엔 아이세움	2023	152
친구	해리엇	한윤섭	문학동네	2011	156
	여름이 반짝	김수빈	문학동네	2015	196
	아름다운 아이	R. J. 팔라시오	책과콩나무	2023	480

	기소영의 친구들	정은수	사계절	2022	152
	온 더 볼	성완	다산어린이	2023~	140
공포	한밤중 스르르 이야기 대회	황종금	웅진주니어	2016	100
	오싹한 경고장	정명섭 외	소원나무	2020	180
	쉿! 안개초등학교	보린	창비	2021~	120
	귀신 샴푸	김민정	위즈덤 하우스	2019	120
사건 해결	귀신 사냥꾼이 간다	천능금	비룡소	2021~	200
	천년손이 고민해결사무소	김성효	해냄	2021~	208
	환상 해결사	강민정	비룡소	2023~	232
	스무고개 탐정 시리즈	허교범	비룡소	2020 완결	184
SF/ 판타지	미지의 파랑 1~3권	차율이	비룡소	2022	196
	마지막 레벨 업	윤영주	창비	2021	200
	몬스터 차일드	이재문	사계절	2021	216
	그리고 펌킨맨이 나타났다	유소정	비룡소	2022	204
	신기한 맛 도깨비 식당	김용세 외	꿈터	2022~	144
	기억 전달자	로이스 라우리	비룡소	2024	340
역사 동화	조선특별수사대 1,2권	김해등	비룡소	2018	210
	담을 넘은 아이	김정민	비룡소	2019	164
	한성이 서울에게	이현지	비룡소	2023	204
	교서관 책동무	유이영	파란자전거	2022	180
	이웃집 빙허각	채은하	창비	2024	196

명문대 생기부는 초등부터 시작된다

	책과 노니는 집	이영서	문학동네	2009	192
시리즈	잘못 뽑은 반장 시리즈	이은재	주니어 김영사	2009~	220
	수상한 시리즈	박현숙	북멘토	2014~	208
	건방이의 건방진 수련기 건방이의 초강력 수련기	천효정	비룡소	2023 완결	173
	헌터걸 시리즈	김혜정	사계절	2020 완결	184
	코드네임 시리즈	강경수	시공주니어	2023 완결	324
	나무집 시리즈	앤디 그리피스	시공주니어	2024 완결	250

주제별, 단계별 지식책 추천 목록

주제	단계	책 제목	출판사
어휘	지식그림책	왜 띄어 써야 돼?	길벗어린이
		왜 맞춤법에 맞게 써야 돼?	길벗어린이
	학습만화	맞춤법 천재가 되다!	oldstairs (올드스레어즈)
		읽으면서 바로 써먹는 어린이 맞춤법 행성	파란정원
	도감, 백과사전	이은경쌤의 초등어휘일력 365	포레스트북스
		보리 국어사전	보리
	어린이잡지, 단행본	초등 독서평설 (월간)	지학사(학습)
		프린들 주세요	사계절
		초정리 편지	창비
사회	지식그림책	타임머신 타고 도착한 곳은 어디일까?	풀과바람
		작은 집 이야기	시공주니어
		세계 음식 한입에 털어 넣기	사계절
		산딸기 크림봉봉	씨드북
	학습만화	Why? 와이 세계사 현대 사회의 변화	예림당
	도감, 백과사전	브리태니커 만화 백과: 여러 가지 탈것	미래엔아이세움
	어린이잡지, 단행본	주니어 생글생글 (주간)	한국경제신문
		어린이 조선일보 (일간)	조선일보
		알바트로스 미래인재 신문 (주간)	알바트로스 신문
한국사	지식그림책	맨 처음 우리나라 고조선	휴먼어린이
		조선을 품은 대문	개암나무

명문대 생기부는 초등부터 시작된다

	학습만화	설민석의 한국사 대모험	단꿈아이
		용선생 만화 한국사	사회평론
	도감, 백과사전	히스토리카 만화 백과: 우리 역사의 시작	미래엔아이세움
		한 권으로 보는 그림 한국사 백과	진선아이
	어린이잡지, 단행본	오월의 달리기	푸른숲주니어
		백제 최후의 날	비룡소
생물	지식그림책	갈라파고스	스콜라
	학습만화	최재천의 동물 대탐험	다산어린이
	도감, 백과사전	너무 진화한 생물 도감	사람in
		진짜 진짜 재밌는 곤충 그림책	라이카미
	어린이잡지, 단행본	어린이 과학동아 (격주간)	동아사이언스
수학	지식그림책	수학 명문 학교, 아스트로 아카데미	길벗어린이
		백만 개의 점이 만든 기적	시원주니어
		똑똑한 표와 대단한 그래프	봄나무
	학습만화	수학도둑	서울문화사
		읽으면 수학 천재가 되는 만회책	oldstairs (올드스테어즈)
		개념연결 만화 수학교과서	비아에듀
	도감, 백과사전	개념연결 초등수학사전	비아에듀
		와이즈만 수학사전	와이즈만북스 (와이즈만 BOOKs)
	어린이잡지, 단행본	수학 탐정스	미래엔아이세움

		수학 대소동	다산어린이
		어린이 수학동아 (격주간)	동아사이언스
미술	지식그림책	미술관에 간 윌리	웅진주니어
		진짜 진짜 재밌는 명화 그림책	라이카미
		꼬마 미술관	물구나무 (파랑새어린이)
		마티스의 정원 (꼬마 예술가 그림책 시리즈)	주니어RHK
	학습만화	만화 예술의 역사	원더박스
	도감, 백과사전	어린이 미술 사전 100	주니어RHK
	어린이잡지, 단행본	초등학생을 위한 서양 미술사	살림어린이
물리	지식그림책	초등과학Q 8 힘과 에너지 : 허당 삼촌, 힘을 찾아 줘	그레이트북스 (단행)
	학습만화	물리박사 김상욱의 수상한 연구실 시리즈	아울북
	도감, 백과사전	이게 바로 물리야 6: 에너지	와이즈만북스 (와이즈만 BOOKs)
	어린이잡지, 단행본	미래가 온다, 우주 과학	와이즈만북스 (와이즈만 BOOKs)
인물	지식그림책	나는 안중근이다	위즈덤하우스
		나의 프리다	웅진주니어
		일과 사람 시리즈	사계절
	학습만화	후 who? 인물 시리즈	다산어린이
		Why? People 와이 피플 시리즈	예림당

명문대 생기부는 초등부터 시작된다

도감, 백과사전	GUESS 교과서 인물 백과	이룸아이
	브리태니커 만화 백과: 역사 속의 인물	미래엔아이세움
어린이잡지, 단행본	암스트롱 달로 날아간 생쥐	책과콩나무

바른 교육 시리즈44

입시 성공을 결정짓는 생기부 관리 로드맵

명문대 생기부는 초등부터 시작된다

초판 1쇄 인쇄 2025년 3월 7일
초판 1쇄 발행 2025년 3월 14일

지은이 이주영, 정선미, 김찬미, 박세정

대표 장선희 **총괄** 이영철
책임편집 오향림   **기획편집** 현미나, 정시아, 안미성
책임디자인 최아영   **디자인** 양혜민
마케팅 김성현, 유효주, 이은진, 박예은
경영관리 전선애

펴낸곳 서사원   **출판등록** 제2023-000199호
주소 서울시 마포구 성암로 330 DMC첨단산업센터 713호
전화 02-898-8778   **팩스** 02-6008-1673
이메일 cr@seosawon.com
네이버 포스트 post.naver.com/seosawon
페이스북 www.facebook.com/seosawon
인스타그램 www.instagram.com/seosawon

ⓒ 이주영, 정선미, 김찬미, 박세정, 2025

ISBN 979-11-6822-391-2   03590

서사원은 독자 여러분의 책에 관한 아이디어와 원고 투고를 설레는 마음으로 기다리고 있습니다.
책으로 엮기를 원하는 아이디어가 있는 분은 이메일 cr@seosawon.com으로 간단한 개요와 취지,
연락처 등을 보내주세요. 고민을 멈추고 실행해보세요. 꿈이 이루어집니다.